建筑工人职业技能培训教材

装饰装修工程系列

装饰装修木工

《建筑工人职业技能培训教材》编委会 编

中国建材工业出版社

图书在版编目(CIP)数据

装饰装修木工 /《建筑工人职业技能培训教材》编委会编. —— 北京 : 中国建材工业出版社，2016.8
(2017.12 重印)
建筑工人职业技能培训教材
ISBN 978-7-5160-1539-1

Ⅰ. ①装… Ⅱ. ①建… Ⅲ. ①建筑装饰－工程装修－木工－技术培训－教材 Ⅳ. ①TU759.5

中国版本图书馆 CIP 数据核字(2016)第 145020 号

装饰装修木工
《建筑工人职业技能培训教材》编委会 编

出版发行：中国建材工业出版社
地　　址：北京市海淀区三里河路 1 号
邮　　编：100044
经　　销：全国各地新华书店
印　　刷：北京雁林吉兆印刷有限公司
开　　本：850mm×1168mm 1/32
印　　张：7.375
字　　数：160 千字
版　　次：2016 年 8 月第 1 版
印　　次：2017 年 12 月第 2 次
定　　价：24.00 元

本社网址：www.jccbs.com　**微信公众号：**zgjcgycbs
本书如出现印装质量问题，由我社市场营销部负责调换。电话：(010)88386906

《建筑工人职业技能培训教材》

编 审 委 员 会

主编单位：中国工程建设标准化协会建筑施工专业委员会

黑龙江省建设教育协会

新疆建设教育协会

参编单位：“金鲁班”应用平台

《建筑工人》杂志社

重庆市职工职业培训学校

北京万方建知教育科技有限公司

主　　审：吴松勤　葛恒岳

编写委员：宋道霞　刘鹏华　高建辉　王洪洋　谷明岂

王　锋　郑立波　刘福利　丛培源　肖明武

欧应辉　黄财杰　孟东辉　曾　方　滕　虎

梁泰臣　崔　铮　刘兴宇　姚亚亚　申林虎

白志忠　温丽丹　蔡芳芳　庞灵玲　李思远

曹　烁　李程程　付海燕　李达宁　齐丽香

前　言

《中华人民共和国就业促进法》、国务院《关于加快发展现代职业教育的决定》[国发(2014)19 号]、住房和城乡建设部《关于印发建筑业农民工技能培训示范工程实施意见的通知》[建人(2008)109 号]、住房和城乡建设部《关于加强建筑工人职业培训工作的指导意见》[建人(2015)43 号]、住房和城乡建设部办公厅《关于建筑工人职业培训合格证有关事项的通知》[建办人(2015)34 号]等相关文件，对全面提高工人职业操作技能水平，以保证工程质量和安全生产做出了明确的要求。

根据住房和城乡建设部就加强建筑工人职业培训工作，做出的“到 2020 年，实现全行业建筑工人全员培训、持证上岗”具体规定，为更好地贯彻落实国家及行业主管部门相关文件精神和要求，全面做好建筑工人职业技能教育培训，由中国工程建设标准化协会建筑施工专业委员会、黑龙江省建设教育协会、新疆建设教育协会会同相关施工企业、培训单位等，组织了由建设行业专家学者、培训讲师、一线工程技术人员及具有丰富施工操作经验的工人和技师等组成的编审委员会，编写这套《建筑工人职业技能培训教材》。

本套丛书主要依据住房和城乡建设部、人力资源和社会保障部发布的《职业技能岗位鉴定规范》《中华人民共和国职业分类大典(2015 年版)》《建筑工程施工职业技能标准》《建筑装饰装修职业技能标准》《建筑工程安装职业技能标准》等标准要求，以实现全面提高建设领域职工队伍整体素质，加快培养具有熟练操作技能的技术工人，尤其是加快提高建筑业农民工职业技能水平，保证建筑工程质量和安全，促进广大农民工就业为目标，重点抓住建筑工人现场施工操作技能和安全为核心进行编制，“量身订制”打造了一套适合不同文化层次的技术工人和读者需要的技能培训教材。

本套教材系统、全面地介绍了各工种相关专业基础知识、操作技能、安全知识等，同时涵盖了先进、成熟、实用的建筑工程施工技术，还包括了现代新材料、新技术、新工艺和环境、职业健康安全、节能环保等方面的知识，力求做到了技术内容最新、最实用，文字通俗易懂，语言生动简洁，辅以大量直观的图表，非常适合不同层次水平、不同年龄的建筑工人职业技能培训和实际施工操作应用。

丛书共包括了“建筑工程”、“装饰装修工程”、“安装工程”3 大系列以及《建筑工人现场施工安全读本》，共 25 个分册：

一、“建筑工程”系列，包括 8 个分册，分别是：《砌筑工》《钢筋工》《架子工》《混凝土工》《模板工》《防水工》《木工》和《测量放线工》。

二、“装饰装修工程”系列，包括 8 个分册，分别是：《抹灰工》《油漆工》《镶贴工》《涂裱工》《装饰装修木工》《幕墙安装工》《幕墙制作工》和《金属工》。

三、“安装工程”系列，包括 8 个分册，分别是：《通风工》《安装起重工》《安装钳工》《电气设备安装调试工》《管道工》《建筑电工》《中小型建筑机械操作工》和《电焊工》。

本书根据“装饰装修木工”工种职业操作技能，结合在建筑工程中实际的应用，针对建筑工程施工材料、机具、施工工艺、质量要求、安全操作技术等做了具体、详细的阐述。本书内容包括装饰木工常用材料，常用木工机具设备，吊顶工程操作，隔墙工程，木门窗工程，楼地面工程，室内装饰工程，装饰装修木工岗位安全常识，相关法律法规及务工常识。

本书对于加强建筑工人培训工作，全面提升建筑工人操作技能水平具有很好的应用价值，不仅极大地提高工人操作技能水平和职业安全水平，更对保证建筑工程施工质量，促进建筑安装工程施工新技术、新工艺、新材料的推广与应用都有很好的推动作用。

由于时间限制，以及编者水平有限，本书难免有疏漏之处，欢迎广大读者批评指正，以便本丛书再版时修订。

编　者

2016 年 8 月　北京

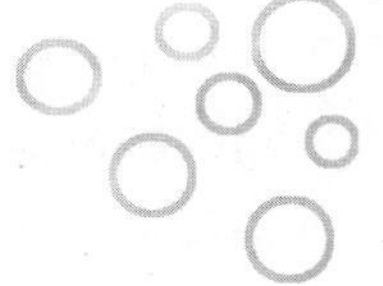

目录 CONTENTS

第 1 部分　装饰装修木工岗位基础知识

一、装饰木工常用材料

1. 胶合板、人造板

(1)胶合板。

为了解决材料的各向异性，胶合板一般均按奇数层制作，如三层、五层、七层、九层制板。胶合板的面层通常选用外观比较完整且花纹较美观的材料，底层用料一般比面层略差，而中间层用料较差。

①胶合板的分类。

胶合板一般按耐气候、耐水、耐潮来分类。

a. Ⅰ类，耐气候、耐沸水胶合板：这类胶合板是用酚醛树脂胶或其他性能相当的胶粘剂粘合而成的，具有耐久、耐煮沸（或蒸汽）、耐干热和抗菌等性能，可在室外使用。但其价格较高，非室外或蒸汽房等处不用。

b. Ⅱ类，耐水胶合板：这类胶合板使用脲醛树脂胶等胶粘剂粘合而成，能在冷水中浸泡和经受短时间的热水浸泡，有抗菌性能，但不耐沸水，在热源蒸汽房、锅炉房等处禁用。

c. Ⅲ类，耐潮胶合板：这类胶合板是用血胶和带有多量填料的脲醛树脂等胶粘剂制成的，能耐短期的冷水浸泡，适合室内常温状态下使用，市场上大量供应的基本上属此类。

②胶合板的规格。

a. 厚度：厚度与层数有关，三层厚度为 2.5～6mm；五层厚度为5～12mm；七～九层厚度为 7～19mm，十一层厚度为11～30mm。

b. 幅面尺寸：幅面尺寸见表 1-1。

表 1-1　胶合板幅面尺寸　(单位：mm)

厚度	宽×长
2.5，3，3.5，4.5，5，自 5mm 起按 1mm 递增	915×915 915×1830 915×2135 1220×1220 1220×1830 1220×2135 1220×2440 1525×1525 1525×1830

(2)纤维板。

根据板材密度的不同，纤维板分成硬质纤维板（密度在 0.8g/cm^3 以上）、半硬质纤维板（也称中密度板，密度在 0.4～0.8g/cm^3 范围内）和软质纤维板（密度在 0.4g/cm^3 以下）。硬质、半硬质纤维板强度大，适合于各种建筑装饰装修，制作家具。软质纤维板具有保温、隔热、吸声、绝缘性能好等特点，主要适用于建筑装饰装修中的隔热、保温、吸声等，并可用于电气绝缘板。中密度纤维板是近年来国内外迅速发展的一种新型的木质人造板，简称 MDF。具有组织结构均匀、密度适中、抗拉强度大、板面平滑、易于装饰等特点。

纤维板具有如下特点：

①各部分构造均匀，硬质和半硬质纤维板含水率都在 20%

以下，质地坚实，吸水性和吸湿率低，不易翘曲、开裂和变形。

②同一平面内各个方向的力学强度均匀。硬质纤维板强度高。

③纤维板无节疤、变色、腐朽、夹皮、虫眼等木材中通见的疾病，称为无疾病木材。

④纤维板幅面大，加工性能好，利用率高。1 m^3 纤维板的使用率相当于3 m^3 木材。纤维板表面处理方便，是进行二次加工的良好基材。

⑤原材料来源广，制造成本低。

(3)刨花板。

刨花板是利用木材加工过程中的刨花、锯末和一定规格的碎木作原料，加入一定量的合成树脂或其他胶结材料(如水泥、石膏、菱苦土)拌合，再经铺装、入模热压、干燥而成的一种人造板材。

刨花板具有严整结实、物理力学强度高、纵向横向强度一致、板面幅度大等特点，适宜于各种建筑装饰装修及制作各种木器家具。

刨花板加工性能良好，可钉、可锯、可上螺钉、开榫打眼，根据厚度、密度和强度的不同，刨花板有多种类型。经过特殊处理的刨花板具有防火、防霉、隔声等性能，经过二次加工和表面处理后的刨花板具有更广泛的应用前景。

(4)细木工板。

细木工板是上下两层单板中间夹有小木料，经胶合而成的人造板材，具有幅面大、平整、吸声、隔热、使用方便等特点，以加工工艺可分为不砂光板、一面砂光板和两面砂光板。依据宜采用的胶类可分为Ⅰ类和Ⅱ类板。依材质和加工质量可分为一、二、三级板。其幅面为 915mm × 915mm、1830mm × 915mm、

2135mm×915mm 的三种，厚度有 16mm、19mm 两种；以及幅面为 1220mm × 1220mm、1830mm × 1220mm、2135mm × 1220mm、2440mm × 1220mm 的两种，厚度有 22mm、25mm 两种。

2. 地板材料

(1)竹地板。

竹地板具有耐磨、防潮、防燃、铺设后不开裂，不扭曲、不发胀、不变形等特点，外观呈现自然竹纹，色泽高雅美观，顺应人们回归大自然的心理，是 20 世纪 90 年代兴起的室内地面装饰材料。目前市场上销售的竹地板按形状分为条形板和方形板两种，条形板规格为 610mm × 91mm × 15mm，方形板规格为 300mm×300mm×15mm。竹木地板一般可分为径面竹地板(又称侧压板)、弦面竹地板(有两种做法，分别是平压式和字形地板)以及竹木复合地板。

(2)条木地板。

条木地板是使用最普遍的木质地面，常选用松木、水曲柳、枫木、柚木、榆木等硬质木材。材质要求耐磨，不易腐蚀，不易变形开裂。条木地板可分为平口地板和企口地板(又称或错口地板、榫接地板或龙凤地板)，见图 1-1，其构造做法见图 1-2。

平口地板常见规格：200mm × 40mm × 12mm、250mm × 50mm × 10mm、300mm×60mm×10mm。

企口地板常见规格：小规格：200mm × 40mm × (12 ～ 15) mm、250mm×50mm×(15×20)mm；大规格：(400～1200)mm×(50～120)mm

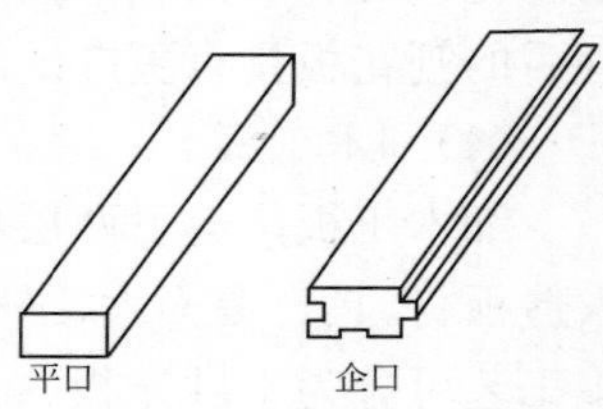

图 1-1 条木地板

×(15～120)mm。

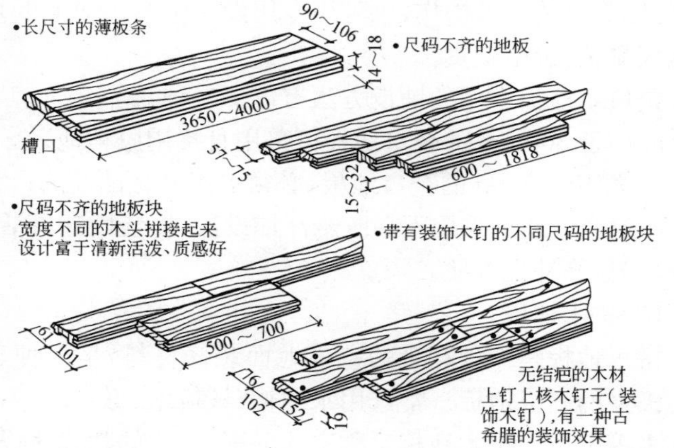

图 1-2　条木地板构造做法

①平口木地板具有以下优缺点。

a. 原材料来源丰富(小径材、加工剩余的小材、小料),出材率高,设备投资低,因此其成本价相对低廉。

b. 用途广。它不仅可作为地板,也可作拼花板,墙裙装饰以及天花板吊顶等室内装饰。

c. 该地板生产属劳动密集型,为开辟就业之路,提高木材综合利用开辟了广阔天地。

d. 平口地板铺设简单,一般采用与地面基层直接粘结,施工成本低,一般消费者都能承受。

e. 地板加工精度比较高,相邻之间必须互相垂直,纵向尺寸只允许有负公差,拼装后缝隙与加工精度有关。

f. 整个板面观感尺寸较碎,图案显得零散。

②企口木地板具有以下优缺点。

企口木地板与平口地板相比较，结合紧密，脚感好，工艺成熟，可用简单的设备操作，也可用专用设备生产。加工工艺较平口地板复杂，价格较贵。

企口木地板常用的铺设方法有以下三种：

a. 小于 300mm 的企口地板可采用直接用胶粘地；

b. 大于 400mm 的企口地板，必须采用龙骨铺设法；

c. 双企口地板采用不粘胶悬浮铺设法，拆装搬迁灵活方便，有损坏时，修补也方便。

(3)拼木地板。

拼木地板是一种高级的室内地面装修材料，是一种工艺美术性极强的高级地板。常选用水曲柳、核桃木、栎木、柞木、槐木和柳木等木材。拼木地板又称木质马赛克，它的款式多样，拼装图案见图 1-3。

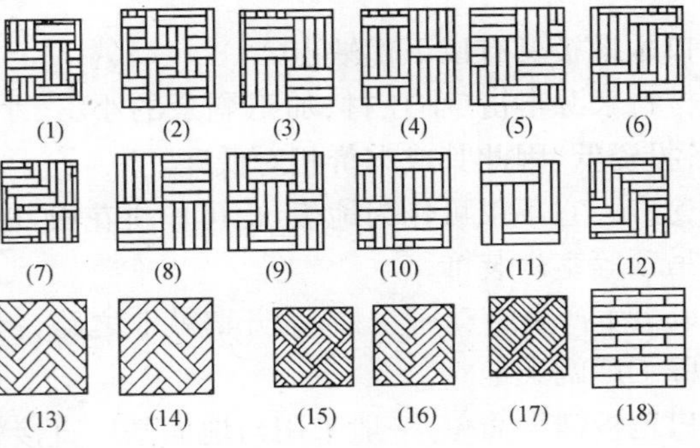

图 1-3 拼装图案

拼花板有较高的加工性和观赏艺术性，能充分体现设计者的艺术技巧和风格，具有如下特点。

①观赏效果好。可根据设计要求和环境相互协调，体现室内装饰格调的一致性和高档性，既典雅大方，又浪漫抽象。

②投资少、见效快、利润高，属劳动密集型产品。

③图案多变，工艺性强。

④原料丰富，出材率、利用率高。

⑤工艺设计应变性较高，大批量生产有困难。

⑥由于不同树种的拼合，木材含水率要严格控制，稍有不慎，就成废品。

(4)曲线木地板。

曲线木地板通常均为长条形，它充分考虑了木材本身的材性，较好地解决了木地板受潮后引起的起拱变形的弊端，而且保证了槽与榫之间的咬合力远远大于条形木地板，因此备受消费者的喜爱。

(5)软木地板。

软木地板是将软木颗粒用现代工艺技术压制成规格片块，表面有透明的树脂耐磨层(一般生产厂家保证产品有10年耐磨年限)，下面有PVC防潮层的复合地板。这种地板具有软木的优良特性，自然、美观、防滑、耐磨、抗污、防潮、有弹性、脚感舒适。此外，软木地板还具有抗静电、耐压、保温、吸声、阻燃功能，是一种理想的地面装饰材料。

软木地板有长条形和方块形两种，长条形规格为900mm×150mm，方块形规格为300mm×300mm，能相互拼花，亦可切割出任何几何图案。

(6)复合地板。

复合地板是由原木经去皮、粉碎、蒸煮、复合压制而成的，是近年来在国内市场上流行起来的一种新型、高档铺地材料。复合地板有实木复合地板和强化复合地板之分。复合地板尽管有防潮底层，仍不宜用于浴室、卫生间等潮湿场所。

复合地板重组了木材的纤维结构，解决了木材的变形问题，克服了普通原木地板在使用过程中随季节变化而发生翘曲变形、干裂湿涨的缺陷。复合木地板的断面结构通常由四层组成。

①平衡底层：即树脂板定型平衡层。具有确保外形固定、完美、防潮和阻燃作用。

②高密度纤维板层：即木纤维层压强化板。硬度很高，能承受重击及负重，不会出现凹痕、辙痕，并能防腐蚀、防潮、防蛀。

③图案层：即彩色印刷层。

④保护膜：即透明耐磨层，是密胺树脂的涂覆层，具有较好的耐磨性能，经试验测试，其耐磨损性为原木地板的10～20倍。此外，该表层还具有良好的防滑、阻燃性能。

在选用强化复合地板时，需要注意的是复合地板中所用的胶粘剂以脲醛树脂为主，胶粘剂中残留的甲醛，会向周围环境逐渐释放；人体长期处于这种环境有致癌的危险。因此，消费者在选用复合地板时，建议选择甲醛含量较少的品种，并且在铺装地板后的一段时间内，保持室内通风。

3. 地毯

地毯是地面装饰中的高中档材料。地毯不仅隔热、保湿、吸声、吸尘、挡风及弹性好，还具有高贵、典雅、美观的装饰效果，广泛用于宾馆、会议大厅、会议室和家庭地面装饰。

地毯根据图案类型分为："京式"地毯、美术式地毯、仿古式地毯、彩花式地毯、素凸式地毯；根据材质分为：羊毛地毯、混纺地毯、化纤地毯、塑料地毯、剑麻地毯；根据规格尺寸分为：块状地毯、卷材地毯。

(1)常用地毯的规格和性能。

此节仅提供常见国产纯羊毛地毯的介绍。

①羊毛满铺地毯、电针绣检地毯、艺术壁挂：有各种规格，以

优质羊毛加工而成，地毯可仿制传统手工地毯图案，古色古香。现代图案富有时代气息，艺术壁挂图案粗犷朴实，风格多样，价格仅为手工编织壁挂的1/10～1/5。

②90道手工打结地毯、素式羊毛地毯、高道数艺术壁挂：有610mm×910mm～3050mm×4270mm等各种规格，以优质羊毛加工而成，图案华丽、柔软舒适、牢固耐用。

③90道手工结地毯、提花地毯、艺术壁挂：有各种规格，以优质西宁羊毛加工而成，图案有北濂式、美术式、彩色式、互式、东方式及古典式。古典式的图案分青铜、画像、蔓草、花鸟、锦乡五大类。

④90道羊毛地毯、120道羊毛艺术挂毯：规格为厚度：6～15mm；宽度：按要求加工；长度：按要求加工。用上等纯羊毛手工编织而成，经化学处理，防潮、防蛀、吸声、图案美观、柔软耐用。

⑤手工栽地毯：有2140mm×3660mm～6100mm×910mm等各种规格。以上等羊毛加工而成，产品有北濂式、美术式、彩色式、素式、敦煌式、仿古式等等，产品手感好，色牢度好，富有弹性。

⑥纯羊毛机织地毯：有5种规格，以西宁羊毛加工而成，图案花式多样，产品手感好，脚感好、舒适高雅、防潮、隔声、保暖、吸尘、无静电、弹性好等。

⑦90道手工打结地毯、140道精艺地毯、机织满铺羊毛地毯：有幅宽4m及其他各种规格，以优质羊毛加工而成。图案花式多样，产品手感好、脚感好、舒适高雅、防潮、吸声保暖、吸尘等。

⑧仿手工羊毛地毯：有各种规格，以优质羊毛加工而成。款式新颖、图案精美、色泽雅致、富丽堂皇、经久耐用。

⑨纯羊毛手工地毯、机织羊毛地毯：有各种规格，以国产优质羊毛和新西兰羊毛加工而成。具有弹性好、抗静电、保暖、吸声、防潮等特点。

(2)地毯的日常保养。

无论何种地毯，日常都得注意保养。羊毛地毯以动物纤维为原料，必须保持干燥，防潮、防霉、防蛀，使用一段时间后要放在太阳下晒一晒，用掸子或吸尘器吸去灰尘，切不可往墙上或树干上甩打，以避免地毯的经纬线断裂而破损。收藏时应放些樟脑丸。化纤地毯虽不怕蛀，但污渍应及时清除。污迹清洗方法见表1-2。

表1-2 地毯污渍去除方法

污渍种类	应急方法	药品去除法
醋、酱油、饮料、番茄酱、巧克力、酒类等	以温水沾面挤干后吸取或用吸水纸吸取	中性洗涤剂泡温水清洗、用酒精擦洗，茶或咖啡可先用甘油涂在污染处，再用温水沾布轻轻叩打，最后用中性洗涤剂清洗
牛奶、冰淇淋、蛋白质类、牛油类	牛奶、冰淇淋可泡温水挤干后擦洗，牛油、蛋白质类则应用干布吸取然后再用温水擦	先用酒精或其他中性洗涤擦洗
鞋油、动植物油、矿物油	用纸或布擦除	先用香蕉水、酒精等溶剂擦除，再用中性洗涤剂。清洗鞋油可先用松节油擦去，再用肥皂水清洗
蓝色墨水、墨汁	用吸水纸或干布吸取	先用苯擦洗，再用中性洗涤剂加温水清洗。再用中性洗涤剂清洗

续表

污渍种类	应急方法	药品去除法
红色墨水、复印液、显影液	用吸水纸或干布吸取	用酒精清洗或用热皂水清洗
专用墨水、油墨等	用吸水纸或干布吸取	先用酒精、香蕉水等溶剂清除，再用中性洗涤剂洗涤

不论清除哪类污迹，都不宜用热水烫，宜用温水清洗，然后放到阴凉处晾干。平时还应注意保养，不要把燃着的烟头丢在地毯上，移动地毯也不要硬扯撕拉。因放置家具而引起地毯上出现凹痕，可用布蘸温水或以蒸汽熨头把倾倒的纤维扶起来即可恢复原状。每日要保持地毯的清洁干燥，最好准备吸尘器。一般家庭用地毯每隔 2～3 天清扫吸尘一次。总之，地毯的清洁要及时。时间一长，除去污渍就更加困难。此外，使用地毯务必防潮。擦过的地板，需等干透了再铺地毯，清洗时尽量避免过湿。

4. 罩面板材料

装饰饰面板材除前面介绍的木质板材外，还有石膏板系列产品：矿棉板、硅板、各种吸声板、防火板等。

(1)石膏板系列装饰板材。

石膏作为一种传统材料，至今仍具有强大的市场，主要是因为它具有如下特点：能耗低，石膏制品生产周期短，保温隔热性能好，良好的吸声功能以及良好的防火功能，便于加工等。

常用的石膏板材分类如下。

①纸面石膏板。纸面石膏板具有轻质、保温隔热性能好、防火性能好，便于加工、安装等特点。通常用于室内隔墙和吊顶等

处。纸面石膏板按性能分为普通纸面石膏板(代号 P)、耐水纸面石膏板(代号 S)和耐火纸面石膏板(代号 H)三类。按棱边形状又可分为四种,见图 1-4。

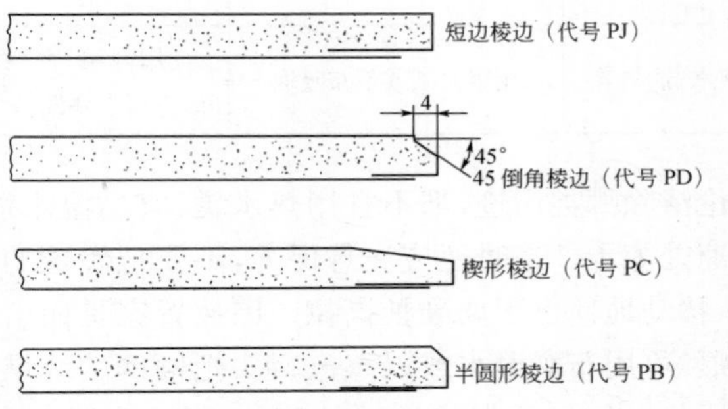

图 1-4 纸面石膏板分类

纸面石膏板的规格尺寸有如下规定:长度为 1800、2100、2400、2700、3000、3300、3600mm,宽度为 900、1200mm,厚度为 9.5、12、15、18、21、25mm,也可根据具体情况而定。

②石膏纤维板。石膏纤维板(又称 GF 板或无纸石膏板)是一种以建筑石膏粉为主要原料,以各种纤维(主要是纸纤维)为增强材料的一种新型建筑石膏板材。有时在其中心层加入矿棉、膨胀珍珠岩等保温隔热材料,可加工成三层或多层板。

石膏纤维板是继纸面石膏板之后开发出的新型石膏制品,具有很高的抗冲击性能力,内部粘结牢固,抗压痕能力强,在防火、防潮等方面具有更好的性能,其保温隔热性能也优于纸面石膏板。石膏纤维板的规格尺寸有三类:其中大幅尺寸供预制厂用,如 2500mm×(6000～7500)mm;标准尺寸供一般建筑用,如 1250mm×1250mm(或 1200mm×1200mm);小幅尺寸供销售市场及特殊用途,如 1000mm×1500mm。同时还能按用户要求生产其他规格尺寸。

石膏纤维板从板型上分为均质板、三层标准板、轻质板及结构板、覆层板及特殊要求的板等。从应用方面来看，可用作墙板、墙衬、隔墙板、预制板外包覆层、天花板、地板防火及立柱、护墙板等。

③装饰石膏板。装饰石膏板包括平板、孔板、浮雕板、防潮板（包括防潮平板、孔板、浮雕板）等品种。其中，平板、孔板和浮雕板是根据板面形状命名的。孔板除具有较好的装饰效果外，还具有一定的吸声效果。装饰石膏板的规格尺寸有：500mm×500mm×9mm；600mm×600mm×11mm，形状为正方形，其棱边断面形式有直角形和倒角形两种。

④嵌装式装饰石膏板。嵌装式装饰石膏板四边加厚，并带有嵌装企口。板材正面可以为平面、带孔或带浮雕图案。代号为QZ。

嵌装式装饰石膏板，适宜于宾馆、酒店、写字楼、影剧院、商场等公共建筑的吊顶装饰。主要规格：600×600mm，边厚大于28mm；500×500mm，边厚大于25mm；

其形状嵌装式装饰石膏板为正方形，其棱边断面形式有直角形和倒角形。产品标记顺序为：产品名称、代号、边长和标准号。例如边长为600mm×600mm的嵌装式装饰石膏板，则标记为：嵌装式装饰石膏板QZ600GB9778。

⑤吸声用穿孔石膏板。吸声用穿孔石膏板主要用于室内吊顶和墙体的吸声结构中。具有轻质、防火、隔声、隔热，抗震性能好，调节室内湿度等特点，同时施工简便、效率高，劳动强度小，干法作业及加工性能好。在潮湿环境中使用或对耐火性能有较高要求时，则应采用相应的防潮、耐水或耐火基板。吸声用穿孔石膏板根据棱边形状有直角型和倒角型两种。规格尺寸：边长

为 500mm×500mm,600mm×600mm,厚度为 9mm 和 12mm。

(2)矿棉装饰吸声板。

矿棉装饰吸声板具有轻质、吸声、防火、保温、隔热、装饰效果好等优异性能,适用于宾馆、会议大厅、写字楼、机场候机大厅、影剧院等公共建筑吊顶装饰。矿棉装饰吸声板品种通常有滚花、浮雕、主体、印刷、自然型、米格型等多个品种,规格有正方形和长方形,尺寸有 300mm × 300mm、500mm × 500mm、600mm×600mm、300mm×600mm、600mm×1200mm 等。

(3)玻璃棉装饰吸声板。

玻璃棉装饰吸声是以玻璃棉为主要原料,加入适量胶粘剂、防潮剂、防腐剂等,经加压、烘干、表面加工等工序而制成的吊顶装饰板材。表面处理通常采用贴附具有图案花纹的 PVC 薄膜、铝箔,由于薄膜或铝箔具有大量开口孔隙,因而具有良好的吸声效果。产品具有轻质、吸声、防火、隔热、保温、装饰美观、施工方便等特点,适用于宾馆、大厅、影剧院、音乐厅、体育馆、会场、船舶及住宅的室内吊顶。

(4)防火装饰板。

许多装饰材料除具有本质功能外,还具有防火功能。为适应现代的建筑防火要求,陆续开发了一些防火性能优异的装饰棉线木材,如 SJBZ 无机防火天花板、天然平板(埃特板)、硅钙板等。

5. 装饰线条类材料

装饰线条类材料是现代装饰工程上不可缺少的装饰材料。它包括木线条和其他材质线条。

木线品种较多。从材质上分有:硬杂木线条、进口杂木线条、白木线条、白圆木线条、水曲柳木线条、红榉木线条、山樟木线条、核桃木线条、柚木线条等。从功能上分有：压边线条、柱角线条、衬角线条、墙面线条、墙腰线条、上楣线条、覆盖线条、封边线条、镜框线条等。从外形上分有：半圆线条、直角线条、斜角线条、指甲线条等。从款式上分有：外凸式、凸凹结合式、嵌槽式等。

木线条材质选用质硬、结构较细、材质较好的木材。在室内装饰工程中，木线条主要起着固定、连接、加强装饰面的作用。主要体现在以下方面。

(1)吊顶线。

吊顶上不同层面的交接处的封边，吊顶上各不同材料面的对接处封口，吊顶平面上的选型线，吊顶上设备的封边等。

(2)吊顶角线。

吊顶与墙面，吊顶与柱面交接处封边。

(3)墙线。

木线条具有表面光滑，加工精细，棱边、棱角、弧面弧线挺直，轮廓分明，耐磨、耐腐性，不易变形，上色性好、粘结性好等特点，因而在室内装饰工程上应用十分广泛。

6. 胶粘剂

(1)胶粘剂的组成与分类。

胶粘剂一般多为有机合成材料，主要由粘结料、固化剂、增塑剂、稀释剂及填充剂(填料)等原料配制而成。有时为了改善胶粘剂的某种性能，还需要加入一些改性材料。对于某一种胶粘剂而言，不一定完全含有这些组分，同样也不限于这几种成分，而取决于其性能和用途。胶粘剂的分类如下。

①有机合成类。

热固性树脂胶粘剂：环氧、酚醛、脲醛、有机硅等。

热塑性树脂胶粘剂：聚醋酸乙烯酯、乙烯、醋酸乙烯酯等。

橡胶型胶粘剂：氯丁橡胶、硅橡胶等。

混合型胶粘剂：酚醛、环氧、丁腈、尼龙等。

②有机天然类。

天然树脂类：松香、虫胶、大漆等。

蛋白质类：植物蛋白、骨胶、鱼胶等。

葡萄糖类：淀粉、阿拉伯树胶等。

③无机类。

硅酸盐类：各种硅酸盐胶凝材料。

铝酸盐类：各种铝酸盐胶凝材料。

磷酸盐类：各种磷酸盐胶凝材料。

硼酸盐类：各种硼酸盐胶凝材料。

(2)常用的胶粘剂特性。

①环氧树脂。环氧树脂具有粘合力强的特征。它能粘结几乎所有的木质、竹质、塑料、金属和混凝土等材料，素有“万能胶”之称。其一般的剪切强度可达20～30 MPa。

同时，环氧树脂可配成不同黏度，稀的如水一般，稠的可如膏状物，还可制成胶棒、胶膜和胶粉，使用很方便。固化后的环氧树脂机械强度高、耐介质、耐老化，可进行机械加工。

②丙烯酸酯结构胶。丙烯酸酯结构胶在使用上与环氧树脂类的固化方式不同，但反应快，可制成快速固化的结构胶，有时可快至几分钟到十几分钟，使用起来很方便。其粘结强度可与环氧树脂类型胶相接近，固化受温度的影响较少，可以在较低温度下进行固化，并获得较好的粘结强度。但耐介质与耐老化较环氧树脂类较差，价格却又要略高一些，因而大面积使用不合算。

③聚氨酯胶粘剂。聚氨酯胶粘剂是用于装饰材料中最好的

一种，其主要特点如下：

a. 性能好，对基材的粘结力高，自身的机械性能好，耐磨性好，且耐水、耐油和绝缘；

b. 弹性好，铺装的地面行走特别舒适；

c. 胶粘容易，可刮涂胶粘，可浇注胶粘，固化速度可调整变动；

d. 具有很好的防水、防潮功能，价格适中，用途广泛，除室内大厅、房间使用外，还多用于幼儿园、游乐场、宾馆走廊，还有人造草坪也有用此种类材料制作完成的。

(3)胶粘剂用途。

胶粘剂的用途是很广泛的，其主要用途是起到胶粘作用，同时，也有固定、防漏、防腐保护、防火耐高温和绝缘等用途。在选择胶粘剂时，一定要特别注意到各类胶粘剂的特殊用途，能使其在木装修装饰施工中更具有特色和保证良好的使用质量。

①胶粘剂具有加固作用。在木装修装饰工程中，对一些构件的承载能力、缺陷和防震等方面存在着不足时，可以用胶粘剂进行加固、粘结；也可作为一般装修的胶粘剂使用，如吊顶时承受较大拉力吊杆的粘结等。

②胶粘剂具有防腐作用。在装修装饰工程中，如用环氧树脂配制的结构胶，无论是对水、有机溶剂、油类、酸气与碱液等均有很好的抗腐蚀能力，针对有的地方腐蚀严重的情况，对一些结构梁、房屋架和家具等涂上这些防腐胶，就能够起到很好的防腐作用。

③胶粘剂具有防漏作用。在装修装饰中，遇到一些大面积的墙面、地面的渗漏，影响到装修装饰工程的工作质量，则在整个面积上涂敷一层胶粘剂就可以解决这一类问题。

当遇到局部的严重渗漏时，则可以按照一般先疏导后堵漏的方法将渗漏堵住，因有的胶粘剂对混凝土、石材等也具有良好的粘合力，就可以解决这一类渗漏的难题。

④胶粘剂具有耐高温作用。有机硅胶粘剂主要用于耐高温条件下。

⑤胶粘剂具有耐低温作用。目前用低温下的胶粘剂，主要有以下几种。

a. 不饱和聚酯类胶粘剂。这类胶粘剂用于粘结各种装修装饰材料中的用胶及锚固的不饱和聚酯类用胶及各类维修等。

b. 特种低温可固化的环氧树脂胶。这类胶主要是用于水利水电设施用胶、加固用胶、灌缝用粘结材料以及设备维修用胶等。

c. 丙烯酸酯类胶，可用于一般小件修理和粘结，也有可低温快固化的锚固胶等。如环氧树脂胶、丙烯酸酯类锚固胶等。

这些胶类，其活性较大，在低温下使用，主要是本身能进行化学反应，而且其反应机能上不会依赖于环境温度，在－10℃温度以下进行粘结施工，其固化时间也不会很长，能保证正常情况下的使用。

⑥胶粘剂具有可水中作业的作用。不怕水的胶粘剂，有的是在组分中加入高吸湿填料，这些填料遇水后，可吸收被粘物表面的水分子，而胶粘剂的固化却又不受水的影响，还有的组分则会遇水反应，使水成为其组分中的一部分而参与反应。因而，使不少胶种可以在水中或潮湿面上进行固化，仍能发挥粘胶的作用。如酮亚胺环氧树脂、701、702、703 和 810 等固化式胶粘剂。

⑦胶粘剂具有防火作用。这类胶粘剂在市场上有防火玻璃用胶和防火板材用胶两类。防火板材用胶粘剂，因无特别的要求，常用其他胶种来代用，而防火玻璃用胶有透明、防热和防火等特殊作用，因而是一种专用胶种。

(4)胶粘剂选用方法。

胶粘剂选用方法见表1-3。

表1-3　按相粘材质选用胶粘剂

项目	酚醛	酚醛缩醛	酚醛聚酰胺	酚醛氯丁橡胶	酚醛丁腈橡胶	环氧树脂	环氧聚酰胺	过氯乙烯	聚酯树脂	聚氨酯	聚酰胺	聚酯酸乙烯酯	聚乙烯醇	聚丙烯酸酯	天然橡胶	丁苯橡胶	氯丁橡胶	丁腈橡胶
木材—木材	√				√	√				√		√						
木材—皮革												√				√	√	√
木材—织物										√						√	√	
木材—纸													√			√		
尼龙—木材					√	√	√				√							
ABS—木材				√	√													
玻璃钢—木材					√	√												
PVC—木材					√													
橡胶—木材		√		√	√					√					√	√		
玻璃陶瓷—木材		√		√	√	√				√		√			√	√		
金属—木材	√	√		√	√	√				√		√				√		

二、常用木工机具设备

1. 量具

(1)量具的分类和用途。

木工常用量具见表1-4。

表 1-4 木工常用量具

名称	其他名称		简图	用途及说明
钢卷尺	钢皮卷尺	大钢卷尺		一般用以测量较长构件或距离，其准确程度比布卷尺(皮尺)高，大钢卷尺的规格有长度为5、10、1 5、20、30、50m，计六种
		小钢卷尺		由薄钢片制成，装置于钢制或塑料制成的小圆盒中，方便携带，系常用量具。有1、2m两种
钢直尺	金属直尺			由不锈钢片制成，它的规格长度有150、300、500、1000mm四种，常用的为150、300mm。精度较高，适用机械操作、木工校对和复核部件尺寸
	钢皮尺			
布卷尺	皮尺			用于测量较长距离的尺寸，在木材长度及原材等木料选用和一般量度中经常使用，它有5、10、15、20、30、50m六种。较多采用的为15、20、30m
	皮卷尺			
木折尺	木尺	四折木尺		木折尺系用质地较好的薄木板制成，因其可以折叠，携带方便，价廉适用，为木工常用量具。规格：四折木折尺长50cm，六折及八折木折尺均为1m长度 使用木折尺时，须注意拉直，并贴平物面
		八折木尺		
角尺	曲尺		尺翼 尺柄	有木制、钢制两种，一般尺柄长15～20cm，尺翼长20～40cm，柄、翼互成垂直角，用于画垂直线、平行线及检查平整正直
	拐尺			
三角尺	斜尺		尺柄 尺翼	尺的长宽均为15～20cm，尺翼与尺柄的交角为90°，其余两角为45°，系用不易变形的木料制成。尺翼与尺柄用榫接合，加胶连接坚固。使用时使尺柄贴紧物面边棱，可画出45°及垂线
	搭尺			
活络三角尺	活络尺		尺柄 尺翼	可任意调整角度，用于画线。尺翼长一般为30cm，中开有长孔，尺柄端部亦开有槽口，以螺栓与尺翼连接。使用时，先调整好角度，再将尺柄贴紧物面边棱，沿尺翼画出所需角度的斜线
	板尺			
	活动曲尺			

续表

名称	其他名称	简图	用途及说明
水平尺	木水平尺		尺的中部及端部各装有水准管，当水准管内气泡居中时，即成水平。用于检验物面的水平或垂直。使用时为防止误差，可在平面上将水平尺旋转 180°，复核气泡是否居中
	钢水平尺		
丈杆	木杆尺		丈杆长约 3～5m，是一种自制的划有尺度的木杆尺，是专为丈量用的简易工具，为木工所常用
	卡木尺		
线锤	锤球		用金属制成的正圆锥体，在其上端中央设有带孔螺栓盖，可系一根细绳。用以校验物面是否垂直，使用时手持绳的上端，锤尖向下自由下垂，视线随绳线，倘绳线与物面上下距离一致，即表示物面为垂直
	线坠		
量角器	分度器		用以直接测量、检验和等分部件上的各种角度；并可与活络三角尺配合使用于测画部件，通常用透明胶制成，较大的则用五夹板制成
	分角器		
圆规	两脚规	滑轨	由金属制成，用以画线和量取尺寸。可根据圆半径的大小，在量好尺寸后画出圆弧或全圆，尺寸的大小由圆规两脚张开的大小(即半径尺寸)决定；也可在检验部件时，从实际尺寸校核其圆弧及全圆尺寸是否符合要求；此外，还可利用几何原理用于放样

(2)常用的几种量具的使用方法。

几种量具的使用方法见表 1-5。

表 1-5　几种量具的使用方法

量具名称	作业内容	使用方法示意图	说明
角尺的使用方法	画垂直线		左手握住角尺的尺翼中部，使尺翼的内边紧贴木料的直边，右手执笔，沿角的边线(尺柄外边)画线，即为与直边相垂直的线

续表

量具名称	作业内容	使用方法示意图	说明
角尺的使用方法	画平行线		左手握住角尺的尺翼，使中指卡在所需要的尺寸上，并抵住木料的直边，右手执笔，使笔尖紧贴角尺外角部，同时用无名指和小指托住短尺边，两手同时用力向后拉画，即画出与木料直边相平行的直线
			如用角尺的尺度画平行线，可用左手握住角尺的尺翼，使拇指尖卡在所需要的尺寸上，并抓住木料的直边，右手执笔，笔尖紧贴角尺外角部，两手同时用力向后拉画即成
	卡方检查垂直面		在刨削过程中，检查相邻面是否直角时，可用角尺内角卡在木料角上来回移动进行检验，如角尺内边均与木料两面紧贴，即表示相邻面构成直角
	检查表面平直		可用手捏住角尺的尺翼，将角尺立置于木料面上所要检查的部位，如尺边与木料表面紧贴，并无凹凸缝隙，即知表面已平直
角尺本身正确性校验	垂线重叠法校验	(a) (b)	角尺的尺翼与尺柄应成直角。为检验角尺本身的正确性，可进行垂线重叠法检查，检查时将尺柄紧贴在一块平直的板边，沿尺身在板上画一垂直线，再将尺柄翻身，调换相对方向，仍在同一点画线，两垂线重叠，表示准确，如图(a)；否则，如图(b)不合标准
活动角尺的使用方法	斜面检验		使用时先将螺栓松动，调整到所需角度，拧紧螺栓，用于校验斜面是否符合要求，图示为六角形体检查方法示例
	画斜向于板边平行线		当画斜向于板边平行线，或截成斜向板端具有一定角度的斜度，可调整活络三角尺符合所要求角度进行画线

续表

量具名称	作业内容	使用方法示意图	说明
圆规放样的使用方法(几何作图法)	垂直二等分 AB 线段	C, D, A, B	分别以 A 及 B 为圆心，以大于 $1/2AB$ 长为半径，画圆弧得交点 C 及 D；连接 C 和 D，则 CD 线即为 AB 线的垂直二等分线

2. 画线工具

(1)常用的画线工具及使用方法。

木工常用画线工具见表 1-6。

表 1-6　木工常用画线工具

名称	其他名称	简图	用途及说明
画线笔	竹笔墨衬		系用韧性较好的竹片制成，长 200mm 左右，笔端宽约 10～15mm，用薄凿将笔端削扁成斜刀形状(削薄竹肉，竹青一面保持平直)，并剖成多条细丝，要求 1mm 内剖开 3 条，用以蘸墨画线。目前亦有用木工铅笔代用
勒线器	线勒子	勒子档　小刀片　勒子杆　活楔	由勒子档、勒子杆、活楔和小刀片等部分组成。勒子档多用硬木制成，中凿孔以穿勒子杆，杆的一端安装小刀片，杆侧用活楔与勒子档楔紧
墨斗	画线墨斗	定针	由圆筒、摇把、线轮和定针等组成。圆筒内装有饱含墨汁的丝棉或棉花，筒身上留有对穿线孔，线轮上绕有线绳，一端拴住定针

续表

名称	其他名称	简图	用途及说明
墨斗	墨斗弹线		弹线时，将定针固定在画线的木板一端，另一端用手指压住，然后拉弹线绳，因线绳饱含墨汁，线绳拉弹放下，即留有弹线墨线条
托线器	墨株		拖线器，又称墨株。由竹片或木板制成，开有各种距离的三角槽口，中间用挡块来控制画线尺寸 如图所示，系利用拖线器的三角槽口，配合画线笔，用以拖画直线

(2)画线方法及注意事项。

①画线方法：圆木制作方木时，先在圆木小头截面中央用线锤吊测，画出中心线，然后二等分。过其中心点，用角尺画出水平线，在水平线上量出方木宽度，左右各半。再用线锤吊看，画出方木宽度边线。在中心线上量出方木高度，上下各半，再用角尺画出方木高度边线。用同样尺寸，在大头一端划出四条边线，注意不要移动圆木，以免两端边线扭曲。大小头端面画线确定后，连接相应的方木棱角点，用墨斗弹出纵长墨线，然后按线锯掉四边边皮即是方木(图 1-5)。

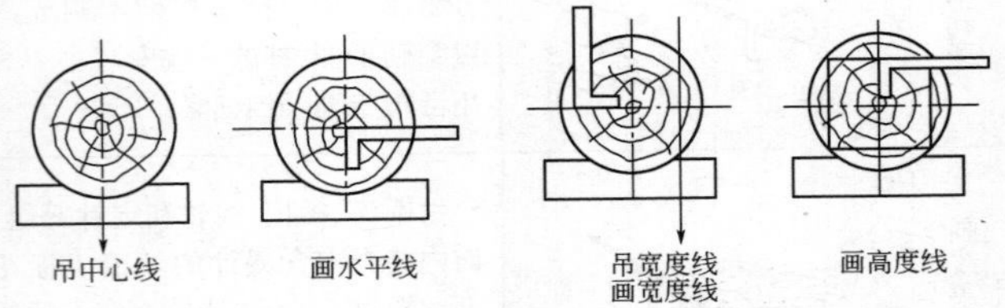

图 1-5　圆木画方木

圆木制作板材时，要用较平直的圆木，在端截面上用线锤吊出中心线后，用角尺画出水平线。在水平线上按所需板材厚度与锯口宽度尺寸之和，由截面中心向两边画平行线，再连接相应的板材棱角点，用墨斗弹出纵长锯口墨线（图 1-6）。

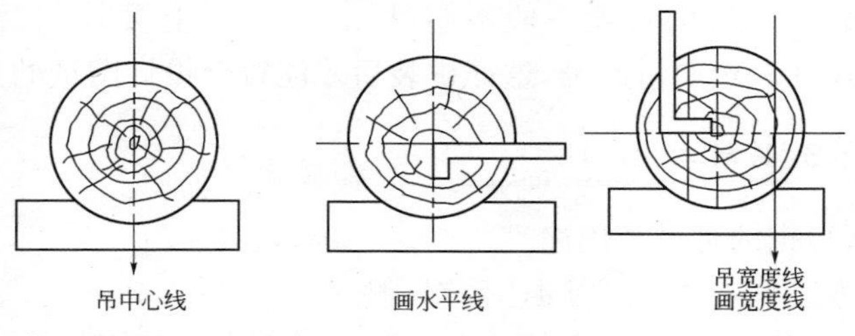

图 1-6　圆木画板材

②“长木匠、短铁匠”：所谓“长木匠”，就是指木工在画线时，要留一定的加工余量。

单面刨光：厚度增加 3mm；

双面刨光：厚度增加 5mm；

门、窗框上、下槛：先立口的每端增加 115mm，后塞口的每端增加 25mm；

门、窗框中槛、窗梃：要比实际长度增加 5～10mm；

门框：一般要比实际长度增加 50mm；

门、窗扇的边梃：要比实际长度净高增加 40mm；

门、窗扇的上、下冒头及棂子：要比实际长度增加5～10mm。

③“画墨线，选好面，方正无疵是看面”：就是画线时要先将木料挑选一下，将没有疵病的用于正面（或者叫“看面”），把有缺陷的部分放到背面或看不见的地方。

④“线绳要绷紧，墨汁吃均匀，两指垂直提，墨线显又直”：就

是弹墨线时，线一定要绷紧，线上的墨汁要蘸得均匀。关键是用手指提线时，一定要与弹线的木材面垂直，否则弹出的墨线就会有弧度。

⑤“铅笔要削尖，尺寸要掐准”：画线工具宜细不能粗，这样精度较高。线的宽度一般不超过 0. 3mm，并且要均匀、清晰。所有尺寸一定要量准确，这样拼装后才能符合设计图纸的要求。

3. 锯割工具

(1)锯的种类和用途。

木工锯有框锯、刀锯、手锯、侧锯、钢丝锯、横锯、板锯等多种。较常用的有框锯和刀锯两种。

①框锯：也称拐子锯，由锯拐、锯梁和锯条、锯绳（钢串杆）、锯标组成。锯拐一端装麻绳，用锯标绞紧（装钢串杆，用蝴蝶螺母旋紧），见图 1-7。框锯又分为截锯、顺锯和穴锯。

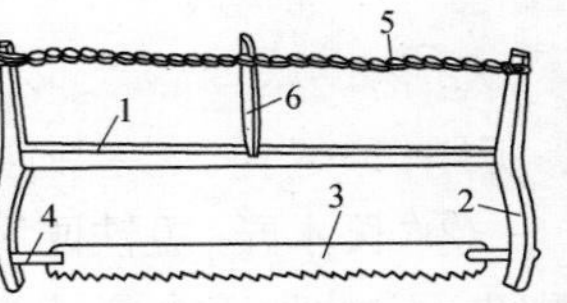

图 1-7 框锯

1—锯梁；2—锯拐；3—锯条；4—锯钮；5—锯绳；6—锯标

a. 截锯：也称横向锯，用于垂直木纹方向的锯割。锯条尺寸略短，齿较密。锯齿刃为刀刃型。前刃角度小，锯齿应拨成左、右料路。

b. 顺锯：也称纵向锯，用于顺木纹纵向锯割。锯条较宽，便于直线导向，锯路不易跑弯。锯齿前刃角度较大，拨齿为左、中、右、中料路。

c. 穴锯：也称曲线锯，适用于锯割内外曲线或弧线工件。锯条长度为600mm左右。锯条较窄，料度较大，前刃角介于截锯和顺锯中间，拨齿为左、中、右。

框锯操作方法：首先把锯条方向调整好，使整个锯条调到一个平面上，然后绷紧锯绳（钢串杆）即可。

②刀锯：有双刃刀锯、夹背刀锯、鱼头刀锯等。刀锯由锯片、锯把组成，见图 1-8。刀锯携带方便，适用于框锯使用不便的地方。

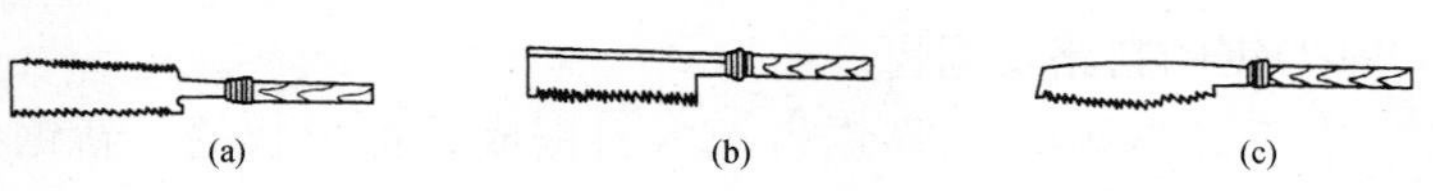

图 1-8　刀锯

(a)双刃刀锯；(b)夹背刀锯；(c)鱼头刀锯

③钢丝锯和侧锯：见图 1-9，钢丝锯为锯割半径较小的圆弧等所用；侧锯为刹肩等细部所用。

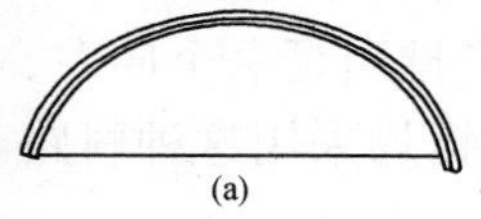

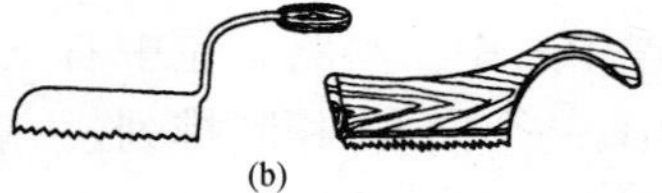

图 1-9　钢丝锯和侧锯

(a)钢丝锯；(b)侧锯

(2)锯的使用方法。

①锯割时，把木料放在工作台上，用脚踏牢。下锯时，右手紧握锯拐，锯齿向下，左手大拇指靠住线的端头处，右手把锯齿挨住左手大拇指，轻轻推拉几下（预防跳锯伤手）。当木料棱角处出现锯口后，左手离开，可加大锯割速度。可两手握锯也可右手握锯、左手扶料进行锯割。

②锯割时，推锯用力要重，锯回拉时用力要轻；锯路沿墨线走，不要跑偏；锯割速度要均匀、有节奏；尽量加大推拉距离，锯

的上部向后倾斜，使锯条与料面的夹角大约呈 70°。

③当锯到料的末端时，要放慢锯速，并用左手拿住要锯掉的部分，以防木料撕裂，或将木料调头锯割。

④横截木料时，左脚踏木料，身体与木料呈 90°角。顺截木料时，用右脚踏木料，身体与木料呈 60°角。

(3)锯的料路及锯齿。

木工锯的锯割，是靠锯齿把木料锯成某种形状的。新锯条没有料路，若不预先拨好料路直接使用，就会夹锯。所以，必须根据需要拨好料路，锯齿锉磨锋利才能使用。锯齿的功能主要取决于其料路、料度和斜度。纵向顺锯与横截锯所锯木料不同，因而锯的料路、料度、斜度也有区别。

①料路：又称锯路，是指锯齿向两侧倾斜的方式。料路分为二料路和三料路两种，见图 1-10。三料路又分为左中右三料路和左中右中三料路。左中右三料路锯齿排列是一个向左、一个居中、一个向右，相间排列，一般纵向顺锯均采用这种料路。左中右中三料路的锯齿是一个向左、一个中立、一个向右、一个中立，相间排列，一般顺锯锯割潮湿木料或硬木料时采用这种料路。

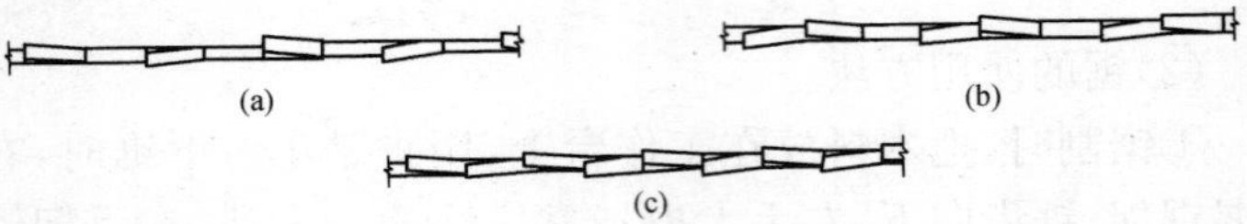

(a)　(b)　(c)

图 1-10　料路

(a)三料路(左、中、右、中)；(b)三料路(左、中、右)；(c)二料路(左、右)

二料路又称人字料路，其锯齿排列是一个向左、一个向右，相间排列，横锯均采用这种料路。没有料路的锯条容易夹锯，不能使用。

②料度：又称路度，指锯齿尖向两侧的倾斜程度，见图1-11。

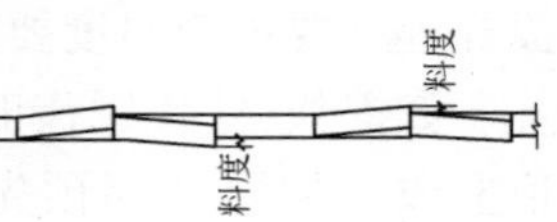

图1-11　锯齿的料度

料度使用中能使锯条与木料形成间隙，减少锯条的摩擦，既省力又便于木屑排出。一般横截锯的料度为锯条厚度的1～1.2倍；顺锯锯条的料度在锯料时应适当加大，有利于进行弯曲锯割。若锯割湿料，也应加大料度。料度在使用时会因锯条与木料摩擦发热而减小，所以必须经常修整锯条。

③斜度：锯齿呈楔形状，前刃短、后刃长，前刃与锯条长度方向的夹角称斜度，见图1-12。斜度应根据锯的用途而定，一般锯的斜度为80°，前刃与后刃之间夹角为55°，横锯的斜度为90°，前刃与后刃之间夹角为60°。若锯割潮湿木料，则横向锯齿锉成刀刃形状比较好用。

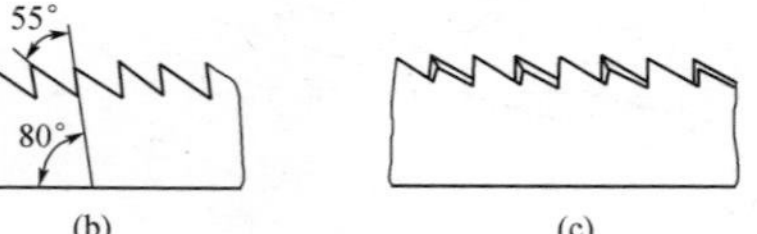

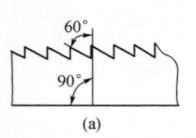

图1-12　锯齿的斜度
(a)横向锯齿；(b)纵向锯齿；(c)刀刃齿

(4)锯的维修保养。

木工锯在使用中，若锯齿不锋利，就会感到进锯慢而又费力，表明需要锉伐锯齿；若感到夹锯，则表明锯的料度因受摩擦而减小；若总是向一侧跑锯，表明料度不均，应进行拨料修理。修理锯齿时，应先拨料，然后再锉锯齿。

①拨料：料路是用拨料器进行调整的，见图1-13。

拨料时，将拨料器的槽口卡住锯齿，用力向左或向右拨开，

拨开程度要符合料度要求。

②锉伐：锉伐锯齿时，把锯条卡在木桩顶上或三脚凳端部预先锯好的锯缝内，使锯齿露出。根据锯齿大小，用 100～200mm 长的三角钢锉或刀锉，从右向左逐齿锉伐。

图 1-13　拨料器

锉锯时，两手用力要均匀，锉的一面要垂直地紧贴邻齿的后面。向前推时要使锉用力磨齿，锉出钢屑，回拉时只轻轻拖过，轻抬锉面，见图 1-14。常用的钢锉有三种：平锉、刀锉和三棱锉。

锉伐刀锯时，要先钉一个锯夹。锯夹由两块木板、一块固定夹木、一块活动夹木组成。使用时将活动夹木取出，使锯夹上口张开，把锯板嵌入锯夹内，露出锯齿，再用活动夹板在锯夹下端楔紧固定，见图 1-15。

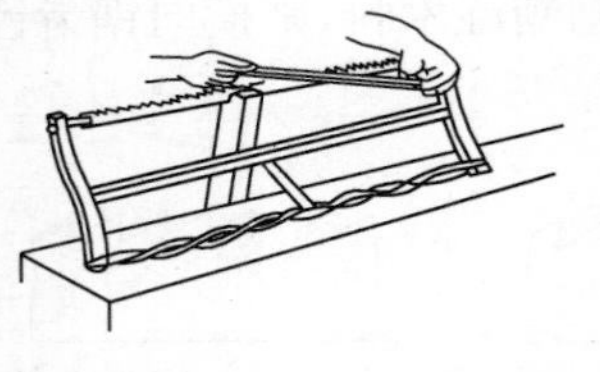

图 1-14　伐锯姿势

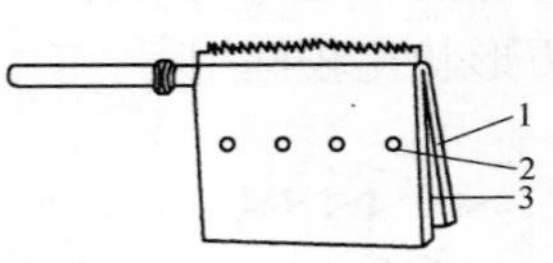

图 1-15　锯夹

1—固定夹木；2—螺栓；3—活动夹木

伐锯分描尖和掏膛两种。描尖是把磨钝的锯齿尖端锉削锋利。掏膛是在锯齿被磨短而影响排屑时才需要。掏膛是用刀锉的边棱按锯齿的长度，使两锯齿之间锯槽加深。

锉锯的操作方法：把锯身固定在锯夹或三脚马凳上，用右手握住锉把，左手拇指、食指和中指捏住锉的前端，适当加压力向前推锉，以锉出钢屑为宜，回锉时不加压力，轻抬而过即可。对锉伐后的锯齿要求是：锯齿尖高低要一致，在同一直线上，不得有参差不齐现象；锯齿的大小相等，间距均匀一致；锯齿的角度要正确，符合齿形状的要求。每个锯齿都应有棱有角，刃尖锋利。

4. 刨削工具

(1)刨的种类和用途。

刨的种类和用途见表 1-7。

表 1-7　刨的种类和用途

类别	简图	名称	特征	用途
平面刨		粗刨(荒刨)	刨刃锋露出较大，刨削面不够光洁	刨去木料上的锯纹、毛茬和个别突出部分，使之大致平整
		中刨	锋刃露出较小，刨屑较薄	将木料刨到需要的尺寸，并使其表面达到基本光洁
		细刨(净面刨)	锋刃露出极小，刨屑极薄	在细木制作中，在木料组合后用来净面，使之达到非常光洁的程度
		大刨(合缝刨)	锋刃露出极小，刨屑极薄	用于木材加宽的对缝面刨削，能使刨刮面达到极平直的程度
		拉刨(粗、中刨)	刨台薄，刃宽，不装把，操作时往后拉	适于刨刮松木、椴木等软木
圆刨及线刨		外圆刨	一般刨刃宽 25～30mm，刨刃平面为 U 形	适于刨凹形的线条，如桌、柜挑檐压边条等
		内圆刨	一般刨刃宽 25～30mm，刨刃平面为圆弧形	适于刨削凸形的线条
		线刨	刨底和刨刃，按需要加工的线条形状磨制成相应形状	用于家具、门窗等镶边装饰线条的加工

续表

类别	简图	名称	特征	用途
槽刨		槽刨	刨刃宽度一般为3～10mm，刨刃较厚，由刨身和刨挡两部分组成，可随意调整沟槽位置	用于木料上刨削沟槽的工具，可刨沟槽的宽度一般为3～10mm，深10～15mm
		正刃单线刨	刃宽21～26mm，刨刃正放在刨床中，由侧面出刨屑	在细木制作中，用作刨削较宽的沟槽、裁口和起线的工具
		斜刃单线刨	刃宽21～26mm，刨刃斜14°～18°斜放在刨床中	用途同上，且能防止材料戗槎
		搜根刨	刨刃直立于刨床中，刃锋从侧面露出，刀形上宽下窄	用以修理槽内两侧不平、不直之处，或协助单线刨或槽刨，加宽沟槽宽度
裁口刨		裁口刨（歪嘴刨）	形如拉刨，但在平面上刨刃与刨床呈18°～22°的倾角，斜着放置，刨刃也磨成斜形，刃尖从一侧面伸出刨床1mm左右，刃厚8mm	适用于刨削木构件的裁口，如木门窗裁口等
滚刨		滚刨（铁柄刨）	刨刃宽15～36mm，用蝶形螺栓拧固在刨台上，刨台用铁制成	刨削弯曲工作面的工具
曲面刨		弯刨	刨底制成弧形	用以刨削弯曲形物件
		舔心刨	刨底纵横向均制成弧度，刃锋也磨成相应弧形	专门用于刨削平面上有凹窝的物件

(2)几种常见刨的使用方法。

①平刨。平刨用于刨削木料的平面,使木料平直。使用前,调整刨刃。安装刨刃时,要使刨刃刃口露出刨口槽,刃口一般露出0.1～0.5mm。

推刨前,选择比较洁净、纹理清楚的里材面为正面。刨削时,先刨里材面,再刨其他面。要顺纹刨削,既省力,又使刨削面平整光滑。

推刨时,用两手的中指、无名指和小指握紧刨柄,食指压紧刨的前身,大拇指推住刨身的后面,用力要平稳,而且两脚必须站稳,左脚在前,右脚在后,上身略微前倾,使刨身平稳地向前推进。

刨削时,刨底应始终贴紧木料面。开始时刨头不要翘起,刨到前端时刨头不要低下(图 1-16)。

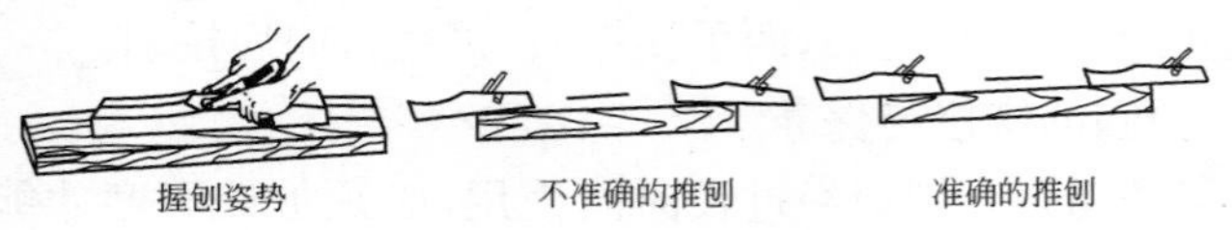

图 1-16　推刨姿势

②槽刨。槽刨专用于刨削凹槽。使用前,先调整刨刃的露出量及挡板与刨刃的位置,用右手拿刨,左手扶料,先从木料后半部向后端刨削,然后逐渐从前半部开始刨削。如果是带刨把的槽刨,应将料固定后,双手握把,从木料的前半部向前刨,逐步后退到木料末端刨完为止。开始刨时要轻,待刨出凹槽后,再适当增加力量,直到刨出深浅一致的凹槽(图 1-17)。

③线刨与边刨。线刨专为成品棱角开美术线条用。边刨用于木料边缘截口,使用方法相似。使用前,先调整好刨刃的露出量。右手拿刨,左手扶料。刨削时,先从离木料前端

150～200mm处向前刨削，再后退同样距离向前刨。依此方法，人向后退，刨向前推，一直刨到后端，最后再从后端一直刨到前端，使线条深浅一致（图1-18）。

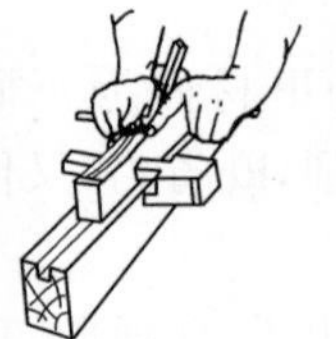

图1-17　推槽刨手法

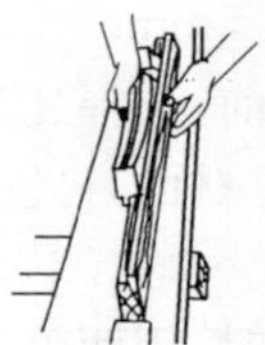

图1-18　推边刨手法

④轴刨。轴刨用于刨削各种小木料的弯曲部分。使用前，调整好刨刃。操作时，将木料稳固住，两手握住两端的刨把，使刨底紧贴木料，均匀用力向前推削。刨削时若遇到戗槎，为使刨削面光滑，可掉转刨头，两手换把后，再用力向后拉削。

(3)刨的维修与保养。

①磨刨刃。刨刃经过长时间使用，必须加以研磨才能恢复锋利。如果刨刃研磨方法不当，就不会锋利，也不能长期使用。修磨刨刃的方法是：

a. 粗磨口，细磨刃，背上几下是快刃。即磨刨刃时先用粗磨石磨出口，用手指轻轻横刮感到发涩时，再改用细磨石磨刃，磨到极其锋利的程度，然后将刨刃翻过来，正面平贴在磨石面上横磨几下，即可继续使用。

b. 磨刨刃，定角度，来回研磨走直路。刨刃锋利或迟钝，以及磨后使用是否长久，与刃锋角度的大小有关，刨刃刃锋角度表示为α。

一般刨刃：$\alpha=25°$

刨削硬木的刨刃：$\alpha=35°$

粗刨刨刃：$\alpha=30^{\circ}$

细刨刨刃：$\alpha=20^{\circ}$

研磨刨刃时，刃口的坡面要紧贴磨石，来回推磨。要保持角度不变，切忌两手忽高忽低，以致把刨刃斜坡磨成圆棱，见图1-19。

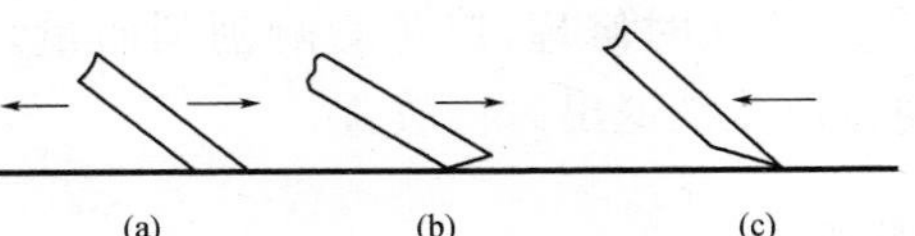

图1-19　磨刨刃的方法

(a)正确；(b)、(c)不正确

c. 刨刃口平面不能磨成凸凹弧线或斜线，必须磨成直线，并宜稍稍把两角尖磨去，见图1-20。

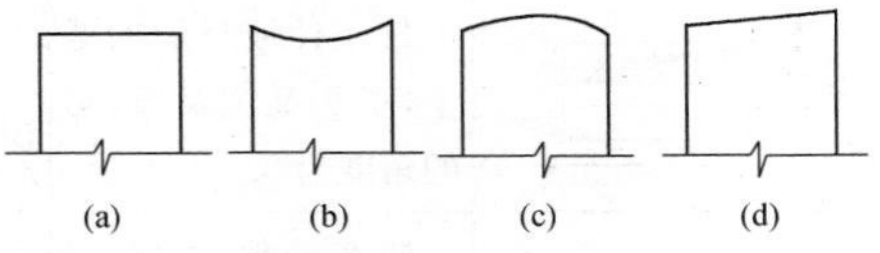

图1-20　刨刃平面

(a)正确；(b)、(c)、(d)不正确

②磨刨盖。当采用铁刨盖时，刨盖也必须修磨，使刨盖的刃端与刨刃完全贴合，不得有缝隙，否则在操作中易被刨花堵塞。

③刨床底修理。刨床经过长时间使用，刨床底面会因磨损而产生不平，或因气候影响而产生变形，必须加以修理。一般常见的毛病有纵向弯曲、横向不平、刨底翘曲、刨底磨损等。修理刨床底时可用经过校正的平尺，纵向放在刨床底面上，检查刨底纵向是否有弯曲；然后将平尺横放在刨底面上，检查有无缝隙；还要斜放在刨底对角线上，检查扭弯程度。根据检查出来的问

题，用另一把刨底平整的细刨，对需要修理的刨床底面进行刨削，要边刨削边检查，直至符合使用要求为止。

④刨的维护。使用时，刨底要经常擦油。用刨完毕，退松刨刃，不要乱丢乱放，应挂在工作台板间或使其底面向上平放。敲去刨身时，要敲其后端，不要乱敲。要经常检查刨底是否平直、光滑，若不平整，应及时修理，以免影响刨削质量。刨如果长期不用，应将刨刃及盖铁退出另行放置。

5. 凿钻工具

(1)凿的种类和用途。

凿的种类和用途见表 1-8。

表 1-8　凿的种类和用途

类别	简图	特征	用途
平凿	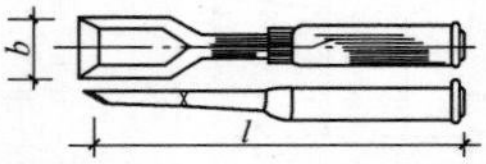 b, l	是一种最坚硬的凿子，凿头又宽又厚，刃的角度为 30°	适合凿宽眼及深槽
	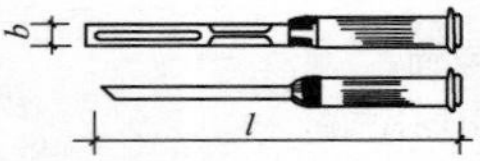 b, l	凿宽一般在 16mm 以下，颈厚，刃锋角度为 30°～40°	适合凿较深的眼及槽
	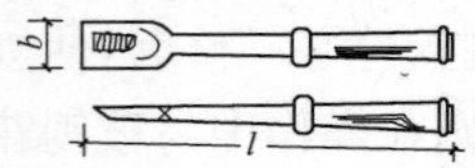 b, l	形似宽刃凿，但较其短、小、细、薄	适合凿浅眼、浅槽及安装修补门窗，使用方便灵活
	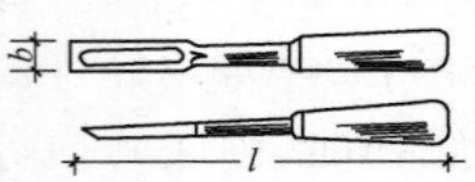 b, l	刃薄、颈细、把长、无箍，铲刃角度 20°～25°	适合切削榫眼的糙面，修理肩、角、线等工作，不可用锤击铲把
	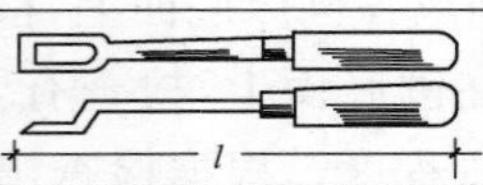 l	刃头部分弯下	适于切削沟槽内的平面

续表

类别	简图	特征	用途
圆凿		刃部呈弧形	可以切削圆槽
		刃部呈弧形	用于凿圆孔及雕刻
斜刃凿		刃呈斜形，且分左斜和右斜两种，按大小也有大形和中形之分	可用于倒楞、剔槽、雕刻，有时当车刀切削圆形木件

(2)凿的使用方法及修理。

凿孔前，将已划好榫眼墨线的木料放在工作台上，木料的长度在 400mm 以上。打凿时，人的左臀部可坐在木料上。若木料较短小，可用脚踏稳。凿孔时，左手紧握凿柄，凿刃斜面向外，刃口向内，凿刃离靠近身边的横线 3～5mm，拿凿要垂直。同时，右手用斧或锤敲击凿顶，使凿刃垂直切入木料中，再拔出凿，将凿移前一些斜打一下，把木屑剔出。如此，反复打凿并剔出木屑。当孔凿到所要求的深度时，再修凿前后孔壁，但两根横线要留下半条墨线，以备检查。凿透孔时，应先凿背面至孔深，再将木料翻转过来，从正面打凿，直到凿透。这样，孔口四周不会产生撕裂现象。透孔背面，孔膛应稍大于墨线以外 1mm 左右，以免安装榫头时劈裂。同时，孔的两端面中部要略微凸起，以便挤紧榫头(图 1-21)。

(3)常见用凿口诀。

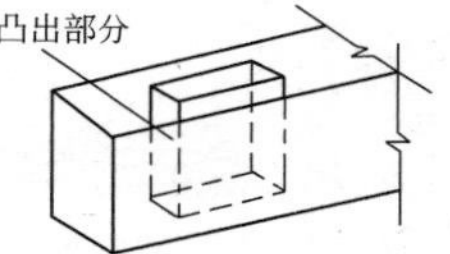

图 1-21　孔壁形状

①锤要打准打平，凿要扶直扶正。所谓打准，就是要打正，使锤的中心打在凿把的中心点上，否则易把手打伤；所谓打平，就是锤头与凿把的接触面要平，不

要歪斜，才能受力均匀，也不会将凿把打坏。所谓扶直，就是扶凿时凿身与凿眼面基本垂直；所谓扶正，就是将凿刃对正凿眼，不要错位。

②一楔晃三晃。右手每击 1～2 锤，凿刃打入木料一定深度后，必须暂停锤击，而用左手前后晃动凿子。如果只打不晃，则越打越深，凿子就会夹在眼中，不易拔出。

③前紧后跟，越凿越深。在凿眼时，每锤击几下，必须向前移动一次凿子，叫“前紧后跟”。凿子在眼中越往前凿，因后面已经凿空，所以进刃就比较容易，这就是“越凿越深”。

④打眼活，学晃凿，晃凿找线出好活。要使凿眼位置准确，形状周正，必须学会晃凿找线。晃凿就是凿刃不离开木料表面，用左手轻摇凿把，利用凿刃的两尖作支点，慢慢将凿摇晃到需要凿眼的位置，只有很好地掌握晃凿技术，下凿才能准确、迅速。

⑤切削木材面，扁铲来当先。用凿凿眼，里面多不整齐，锯割榫头也易留下棱角和榫根重合，此外如榫肩线角的修理、门窗扇合页的安装，都需要对木料进行局部切削工作，切削工具应以扁铲为主，有的部位还需要使用圆凿、圆铲、斜刀等工具。

(4)钻的种类和用途。

钻的种类和用途见表 1-9。

表 1-9　钻的种类和用途

名称	简图	特征	用途
手钻		手持木把直接钻孔	用于装钉五金件前的钻孔定位

续表

名称	简图	特征	用途
牵钻		上节为握把，可自由转动，下端有卡头，装钻头用拉杆牵拉使钻头旋转	一般家具上钻小孔，或在硬木上上木螺钉前预先钻孔
陀螺钻		利用钻陀的惯性作用，使用较为方便	一般家具上钻小孔，或在硬木上上木螺钉前预先钻孔
螺纹钻		上下移动钻套，使钻身沿螺纹方向转动	适用于钻小孔，携带方便
弓摇钻(弓形钻)		摇动手把即可钻眼，钻头拆卸方便	适用于钻木料上的孔眼
麻花钻(螺旋钻)		全长500～600mm，钻的上部有横柄	木件上钻圆孔，如钻木屋架、悬臂檩条安装的螺栓孔
手摇钻		用手或肩胛顶住上端，摇动手柄钻眼	适用于钻木料上的孔眼，使用方便省力

(5)钻的使用。

①牵钻。牵钻使用时,用左手握住握把,钻头对准孔中心,右手握住拉杆保持水平推拉,使钻杆旋转,钻头即钻入木料内。钻时要保持钻杆与木料面垂直,不得偏斜。

②手摇钻、弓摇钻。使用时,用左手握住顶木,右手将钻头对准孔中心。然后,左手用力压住,右手摇动摇把,按顺时针方向旋转,钻头即钻入木料内。钻进时,要使钻头与木料保持垂直。钻到透孔时,将倒顺器反向拧紧,摇把按逆时针方向旋转,钻头即退出。

③螺旋钻。操作时,先在木料正反面画出孔的中心,然后将钻头对准孔中心,两手紧握把手,稍加压力向前扭拧,钻头即可钻入木料。钻到孔深一半以上时,将钻退出,再从反面开始钻,直到钻通为止。当孔径较大、较深、拧转费力时,可钻入一定深度后,退出钻头,在孔内推拉几下,清除木屑后再钻。垂直或水平方向钻孔时,要使钻杆与木料面保持垂直。斜向钻孔时,应自始至终正确掌握斜向角度。

6. 锤、斧、锛

(1)锤、斧、锛的种类和用途。

锤、斧、锛的种类和用途见表 1-10。

表 1-10 锤、斧、锛的种类和用途

名称	简图	特征	用途
羊角锤	l	一头敲钉子,一头起钉子	钉钉子和起出钉子

续表

名称	简图	特征	用途
双刃斧	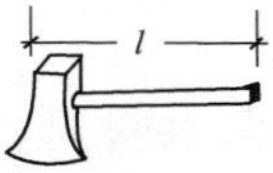 l	刃锋在中间，能向左或向右两面砍劈木材	一般用于工地支模型、做屋架、砍木桩等，应用较广泛，灵活方便，不受限制
单刃斧	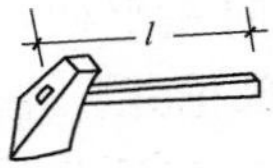 l	刃锋在一面，适合砍，不适合劈，砍时只能向一面砍	吃料容易，木料易砍直，适用于家具制作等较小的木作工程
锛子	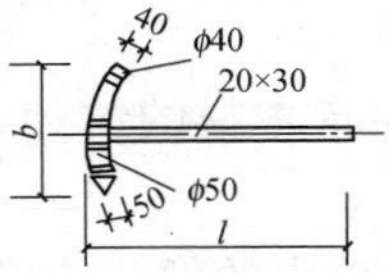 40 φ40 20×30 b 50 φ50 l	锛刃系钢制成，套在木制的锛头上，锛头有弧度，分长短，锛把插入锛头处需设“咽喉”	一般用于锛平平面较大的木材，也用于锛平木大梁等不平之处，使用极为省劲

(2)锤的操作要点。

①要想钉不弯，锤顶不偏斜。要将钉子顺直地钉入木材内，操作时锤顶应与钉子的轴线方向垂直，不要偏斜，否则易将钉子打弯。

②用锤使巧劲，先轻后用劲。为了使钉子顺利钉入木材中，开头几锤应轻敲，使钉子保持顺直进入木材内一定深度，后面几锤可稍用劲，将钉子顺利钉入木材内，这样可避免钉身弯曲。

③钉硬木，先钻穴，钉子不弯木不裂。在硬杂木上钉钉子时，应先按钉子规格在木材上钻一小孔，将钉子由孔内打入，可防止将钉子打弯或将木材钉劈裂。

(3)斧的操作要点。

①磨斧不误砍料工：斧子必须磨得锋利，用起来得心应手，轻快准确，砍料速度快，省劲省工。用钝的斧子，不仅操作费力，而且容易发生安全事故。

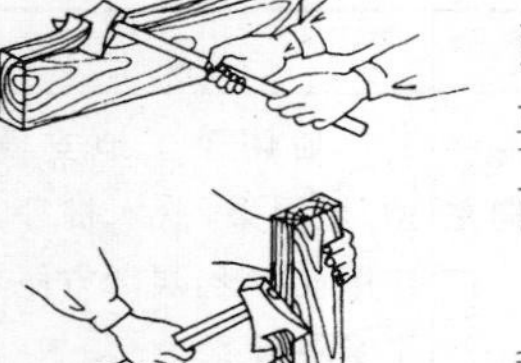
图 1-22　用斧操作

a. 立砍。立砍适用于砍削短木料。画线后，按木料纹理方向，先由下而上将要砍削的部分砍成几段切口，然后再从上而下砍削。

b. 平砍。砍削大木料时，可将木料稳固在工作台上，砍削方向根据木料纹理方向而定。若由右向左平砍，右手在前，握住斧把中部或前部抡斧。左手在后，握住斧把端部掌握平衡(图1-22)。砍削时，由前逐步后退。若由左向右平砍，其方法与之相反。

②辨木纹，砍顺槎：砍料时一定要注意木材的纹理，从顺槎的方向下斧。

一段一斧口，沿着墨线走：如果木料砍去的部分较厚、较长，应沿墨线方向每隔 100～150mm 砍一斜口，见图 1-23。下斧时斧刃不得砍着墨线。然后沿着墨线外侧砍劈，砍到缺口处，木屑就会自然脱落。如果在地面或案子上砍劈木料时，下面要加垫木板，以免砍伤斧子或木案。

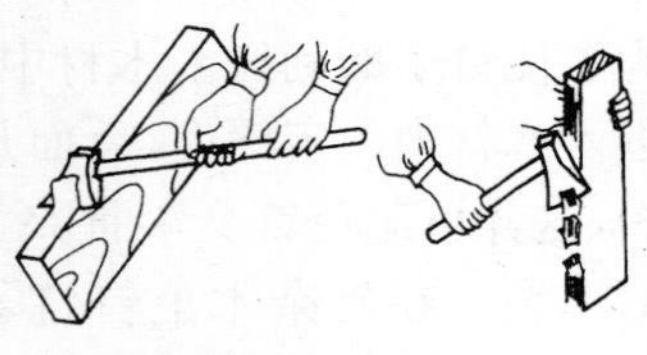
图 1-23　用斧操作

图 1-24　用锛操作

(4)锛的操作要点。

①左手不离怀，右手只管抬：使用锛子时左手握住锛把尾端，曲肘靠近怀部，用力不能太猛，而用寸劲掌握准头，控制方向；右手把锛把三分之一处(由尾端算起)，将锛提到一定高度用

力压下,见图 1-24。

②使用锛时应“右脚在前左在后,两腿靠拢丁字步,往后退步左先走,右腿跟上倒牵牛”:即两腿靠拢,两脚掌成丁字形,两脚不要离开,见图 1-25。

图 1-25　丁字步

③下锛时,锛刃离脚越近越保险,离脚越远越危险:一般锛刃的位置最远不超过前脚 300mm 为宜。

④锛子上下砍,腰身不动弹:不论举锛或下锛,身子不要随着锛子的上下而摆动。正确的姿势是身子微微前俯,与地面成 60°～70°角,才能保证锛位准确,锛砍有力。当然,在锛大节子时,要稍微直腰,并将两手甩开,这时应特别注意安全。同时,应随时注意防止锛头被木屑碎片垫起而致砍伤脚背。

(5)锤、斧、锛的修理。

①锤的修理。

a. 锤头松动:一般多在锤头与锤把连接处松动。松动的锤头,钉钉子时容易将钉打弯,而且锤头易脱落而伤人。此时,可在锤孔眼的木把中打入铁楔或钉子背紧。

b. 锤把断裂:先用冲子将断在锤头孔眼中的断锤把打出,然后按孔眼大小重新安装锤把。对锤把打入锤头孔眼中的部分,刨削时应上端略小,下端略大,以便能顺利打入孔眼中,并安装牢固。

②斧的修理。

a. 双面斧要磨两面,单面斧只磨有斜度的一面。研磨时,斧刃面必须磨平、磨直,不得有鼓肚。一般斧刃角度为 30°左右,并注意必须把中间的夹钢磨出来。

b. 斧子磨好后,试砍木材,砍面光滑者证明斧子钢材好,并已磨锋利;砍面有毛刺者,斧刃不够锋利。

c. 磨完后，砍劈木料，以不夹斧为合格。磨斧时要磨去斧刃两尖，以防伤人。

③锛的修理。

锛子修理时应注意以下几点。

a. 磨锛刃：先将锛刃卸下，再进行研磨。因为锛刃是夹钢的，刃口上面磨一分，下面磨半分即可。

b. 定弧度：自锛顶向锛把量 540mm 左右得到一点，再以此点为圆心，以540mm长的线绳画弧，即得锛头口弧度。最后再按锛刃眼的大小，刻出适合锛头的榫口，见图 1-26。

c. 设“咽喉”：安装锛把时，一定要在孔眼中做一个暗榫，叫做“咽喉”。孔眼应比锛把宽 12mm，暗榫设在孔眼内前边，高、宽各为 10mm，在锛把前凿与暗榫同等大小的孔眼，安装上锛把，并用木楔楔入加固，见图 1-27。

d. 分长短：锛头的前部分一般比后部分短，前锛头离锛把的距离不宜大于 60mm，见图 1-28。

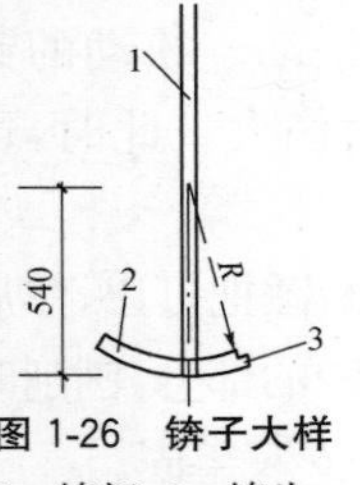

图 1-26 锛子大样

1—锛把；2—锛头；3—锛刃

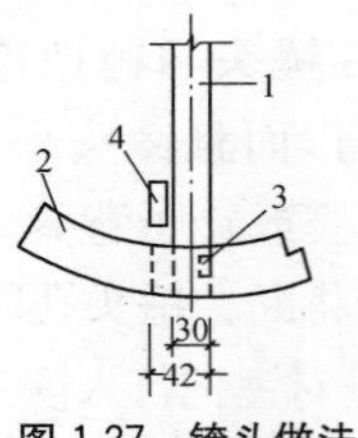

图 1-27 锛头做法

1—锛把；2—锛头；3—“咽喉”10mm×10mm；4—木楔

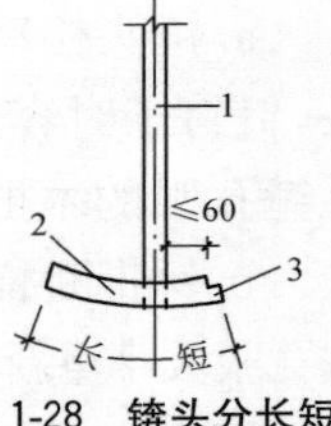

图 1-28 锛头分长短

1—锛把；2—锛头；3—套锛刃

7. 辅助工具

(1)木锉。

木锉分扁锉、圆锉、平锉三种，见图 1-29。

木锉的用途是锉削或修正木制品的孔、凹槽及不规则的表面。

(2)钳。

常用于木作工程的有钢丝钳和钉子钳两种，见图 1-30。

钢丝钳是用来夹断钢丝、铁钉，也可用于拔小钉子；钉子钳主要用于拔出圆钉。

(3)扳手、旋凿。

扳手和旋凿(改锥)是木工不可缺少的辅助工具。

扳手是松紧螺栓的专用工具，又有呆扳手和活络扳手两种，见图 1-31。旋凿又称螺丝批、改锥、起子，分为普通型旋凿、十字槽旋凿、自动旋凿等 3 种，见图1-32。旋凿主要用于装卸各种形式和规格的木螺钉，如安装木门窗、小五金等，用途十分广泛。

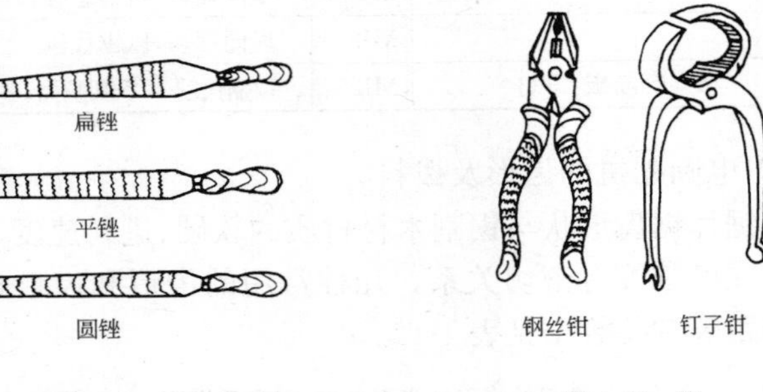

图 1-29　木锉

图 1-30　钳

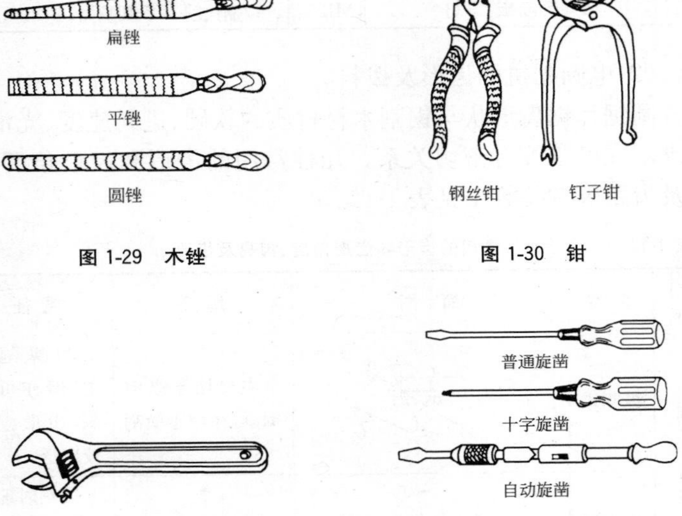

图 1-31　扳手

图 1-32　旋凿

8. 电圆锯

电圆锯是装饰装修木工现场作业中应用最广泛的机具之一，可用来横截和纵截木料。

(1)电圆锯机的主要型号及用途。

电圆锯机的主要型号及用途见表 1-11。

表 1-11　圆锯机的主要型号及用途

型号	用途	型号	用途
MJ104	可纵横向锯割板、方材	MJ224	可以从不同角度来锯割木板、方材和铣槽、切头、切榫、钻孔
MJ106	可纵横向锯割板、方材		
MJ109	以纵向锯为主，锯割边条	MJ225	纵、横、斜切割板、方材
MJ1010		MJ256	横向锯裁，机器悬挂横梁上
MJ1010A		MJ263	横向锯切，以锯代刨
MJ217	横向锯断板、方材	MJ264	以锯代刨、可铣切端面、平面、角度

(2)电圆锯机的齿形及拨料。

圆锯片锯齿形状与锯割木材材质的软硬、进料速度、光洁度及纵割或横割等有密切关系。几种常用的齿形和齿形角度、齿高及齿距等有关数据见表 1-12。

表 1-12　常用的齿形和齿形角度、齿高及齿距

锯片名称	类型	简图	用途	特征
圆锯片齿形	纵割锯	t α β γ	主要用于纵向锯割，亦用于横割	以纵割为主，但亦可横割，齿形应用较广泛
	横割锯	α β γ h	用于横向锯割	锯割时速度较纵向慢，但较光洁

续表

锯片名称	类型	简图			用途		特征
圆锯片齿形角度	锯割方法	齿形角度			齿高 h	齿距 t	槽底圆弧半径 r
		α	β	γ			
	纵割	30°～35°	35°～45°	15°～20°	(0.5～0.7)t	(8～14)s	0.2t
	横割	35°～45°	45°～55°	5°～10°	(0.9～1.2)t	(7～10)s	0.2t

注：表中 s 为锯片厚度。

锯齿的拨料是将相邻各齿的上部互相向左右拨弯，见图 1-33。正确拨料的基本要求如下：

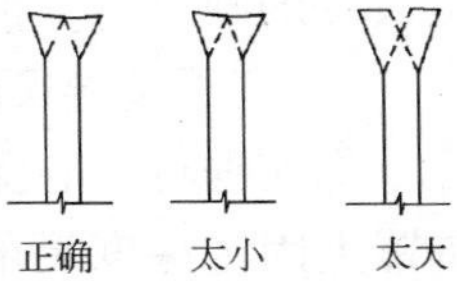

图 1-33 锯齿的拨料

①所有锯齿的每边拨料量都应相等。

②锯齿的弯折处不可在齿的根部，而应在齿高的一半以上处，厚锯约为齿高的1/3，薄锯为齿高的1/4。弯折线应向锯齿的前面稍微倾斜，所有锯齿的弯折线距齿尖的距离都应当相等。

③拨料大小应与工作条件相适应，每一边的拨料量一般为0.2～0.8mm，约等于锯片厚度的1.4～1.9倍，最大不应超过2倍。软料湿材取最大值，硬材与干材取较小值。

④锯齿拨料一般采用机械和手工两种方法，目前以手工为主。

(3)电圆锯机使用前的检查。

检查锯片是否有裂纹、变形现象；锯片锁紧螺栓是否紧固；固定防护罩是否紧固；活动防护罩转动是否灵活；接通电源，扣下扳机再松开，开关是否自动断开弹回原位；电机运转是否正常，有无漏电、异响，调节底板各螺栓紧固件是否灵活有效。全部检查确认无误后，方可开始作业。

(4)斜角与直角锯割。

①斜角锯割:先拧松调节底板前方角度尺上的蝶形螺母,在0°～45°内调整所需角度。调好后,拧紧该蝶形螺母使角度固定。将顶部导板左边较浅的缺口与工件上的切割线对正(图1-34)。

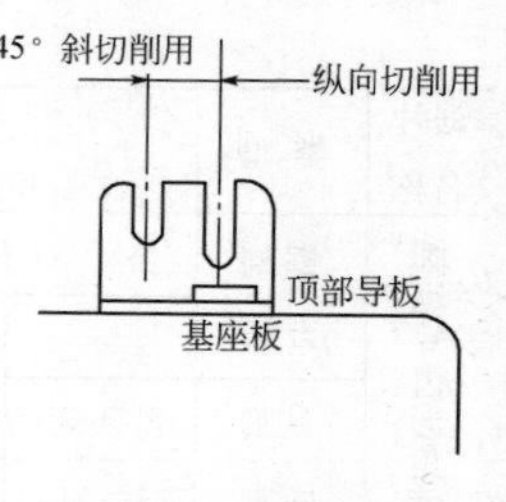

图1-34 电圆锯锯割

②直线锯割:先将角度调节为0°,锁紧螺母,然后将底板前的顶部导板右边较深的缺口与工件上的切割线对正。

(5)底板及导尺的调节。

①入锯材料的深度可以通过调节底板来控制。松开固定防护罩上固定深度尺的蝶形螺母,调节底板至所需的锯割深度。拧紧该蝶形螺母。如果作为割断加工,一般是将刀片调到可能锯断工件的深度。

②导尺可以保证电圆锯能精确地直线锯割。导尺的调节通过底板右前方蝶形螺母完成。松开该螺母,导尺可左右移动,调到所需位置。然后拧紧该螺母,将导尺固定。操作时须将导尺紧贴工件滑动。

(6)锯割作业。

一切检查、调整工作完成后,即可接通电源开始工作。右手握住后部把手,左手握紧前部把柄,将底板贴放在要锯割的工件上,但不要让锯片与工件接触。然后启动开关使电圆锯运转,待锯片达到最高转速时,沿工件表面紧靠导尺,平稳向前推动圆锯完成锯割作业。在推进过程中,要保持进速均匀,顶部导板缺口与工件切割线始终对正,以确保锯口干净、平滑。

(7)锯片的拆除。

首先拔下电源插头方可进行拆装。按下轴锁装置,使锯片不得转动。用专用扳手或开口扳手，按逆时针方向旋转六角螺栓，并拆下六角螺栓，取下外法兰盘及锯片。装上新锯片，让锯片上的箭头方向与防护罩上的箭头方向保持一致，不能装反，然后再装上外法兰盘，上紧六角螺栓。

(8)电圆锯机加工中产生的缺陷及消除。

电圆锯机加工中产生的缺陷及清除见表 1-13。

表 1-13　电圆锯机加工中产生的缺陷及消除

序号	缺陷	消除方法
1	锯材不走正路，产生扭斜现象	加大锯料，放慢推进速度，推进时用力要均匀
2	木料推进困难，出现跳锯和焦烟现象	用砂轮对锯片进行磨砺，找出正圆，重新砸料，重新磨锐
3	锯口偏离破料线	将长的一面锯齿磨平齐，重新磨锐
4	操作吃力，锯片变形	找出齿尖受损部位，然后将锯片内径固定在砂轮机的工作台上，开动砂轮机，转动锯片，将齿尖凸出部分磨去
5	推进困难，有夹锯、回弹现象，出现焦烟或两侧摆动	加大锯料或重新平整锯片。料路宽度一般为锯片厚度的 1.4～1.9 倍(但不超过 2 倍)
6	锯割费劲，锯末疏通受阻	先用砂轮进行整形，然后锉出合格的齿槽，两齿间的半径曲线要连接平滑
7	锯割操作时木料突然倒退反弹	重新修磨齿尖，找出正圆
8	锯片的边缘开裂	可在裂缝根处用 2～3mm 的钻头钻一圆孔，制止裂缝继续扩张

(9)电圆锯机的维护与保养。

①各紧固调节螺栓、蝶形螺母与转动轴要保持转动灵活，定

期上油以防锈蚀。

②操作完毕，锯片要取下并架好，切勿挤压，以防变形、断裂。

③要放松各紧固件，以防螺栓疲劳变形。

④机具不用后，要有固定机架存放，不得乱放、挤压，以防零件变形。

⑤定期做绝缘检查，发现有漏电现象时，应立即排除。特别是在潮湿环境作业时，要定期对电机做干燥处理。

⑥定期检查更换电机碳刷。当碳刷磨损到 5～6mm 以下时，应及时更换。两个碳刷要同时更换。经常保持碳刷清洁，并使其在夹内自由滑动。

(10)安全操作要求。

①操作前检查所有安全装置必须完好有效；固定防护罩要安装牢固，活动防护罩要转动灵活，并且能将锯片全部护住；仔细检查工件上有无铁钉等硬物。如有应取下，以免回弹和损坏锯片。

②操作时手及身体各部必须离开锯割区。锯片转动时，不可用手拿取切断的加工件。断开开关后，锯片尚在转动时，不可用手或其他物体接触锯片，更不可在作业时随意将其他物件插入锯割区。

③锯片要保持清洁、锐利，无断齿、裂纹。安装要牢固。所用锯片必须与圆锯配套，不可使用锯片固定孔不合规格的产品。严禁使用不配套的套环和螺栓。

④加工大块工件必须支撑稳定。以工件平稳、不晃动为标准，而且在锯断区附近必须有支撑，这样可以减少颤动、回弹和

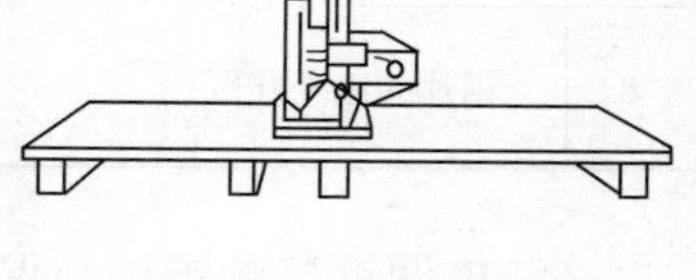

图 1-35　工件支撑

夹锯(图 1-35)。

⑤纵锯木料时必须使用导尺或直边挡板。

⑥当夹锯时,应马上断开电源开关,使转动停止,不可强行工作。

⑦圆锯底板较宽的部分应放在有坚固支撑的工件部位,以免锯断后机具重心倾斜(图 1-36)。

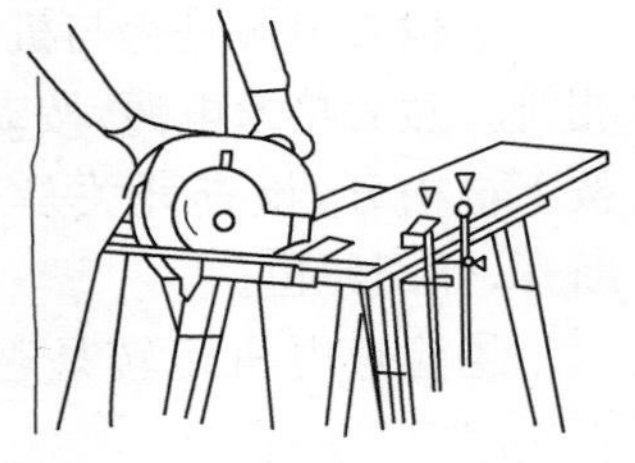

图 1-36　圆锯提握工件支旋方式

⑧当加工短小工件时,应将工件夹住。绝不能用手拿着工件进行加工。

⑨绝不可以用台钳反夹圆锯,在上面锯割木料。

⑩操作完毕断开电源开关后,锯片要缓慢减速停止。所以放下电圆锯前,必须确认下方的活动防护罩完全复位,锯片停转。否则绝不可马上放下。

⑪操作中禁止戴手套,不要穿肥大的衣服,不要系领带、围巾等。

⑫当发生异响、电机过热或电机转速过低时,应立刻停机检查。

9. 转台式斜断锯

适用于装饰木工纵断、横切或截成任意角度的边框、角料。

(1)新购的斜断锯,如果切口铺上没有切下槽口的活,应该缓慢降下锯片,在切口铺上切下一条槽口(图 1-37)。

(2)用四个地脚螺栓把斜断锯固定在水平稳定的台面上。

(3)操作前的检查。

①检查锯片是否符合要求,锯片锁紧螺栓是否紧固,锯片确

无裂纹、变形现象。如果有，则应立即更换。

②检查刀片盖是否紧固，安全罩是否转动灵活。

③检查电源是否与机具铭牌相符。然后接通电源，按动开关，按下再松开，检查开关是否自动断开，弹回原位。

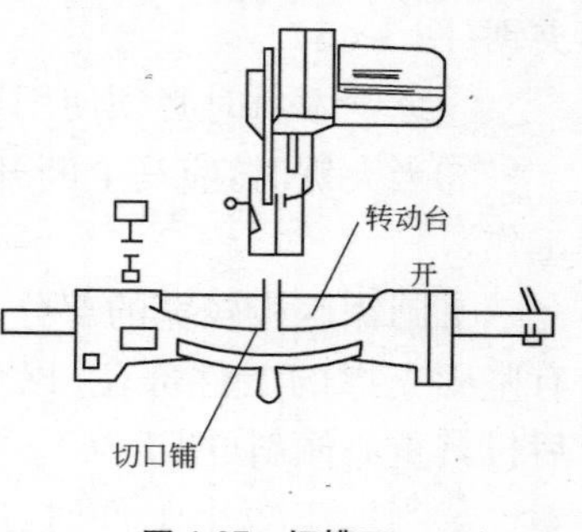

图 1-37　切槽口

④检查电机运转是否正常，有无漏电、异响。

(4)按所需角度调整好转动台，固定好所要锯割的工件，锯割线对在锯片的左或右。

(5)一切检查、调整工作完成且确认无误后即可接通电源开始操作。右手握住手柄，按动开关，使锯片旋转，待锯片达到最高转速时，再慢慢放下手柄。当锯片与加工件接触时，再逐渐向下施加压力进行锯割。截断工件后，关上开关，等其完全停止转动时方可将手柄抬回原来的最高位置。

(6)为了有助于保证加工件的无裂碎锯割，可以装上木质面板，利用导板上的孔，将木质面板用螺栓固定在导板上。螺栓的头部要卧进面板的里面。装上木质面板以后，不要在锯片处于低位置时转动转台，以防损坏木质面板。

(7)锯片的拆装。拆卸锯片时，首先要松开处于最低位置的手柄，按动轴的锁定位置，使锯片不能转动。再用套筒扳手松开六角螺栓，然后取下六角螺栓、外法兰盘及锯片。安装锯片时，先取出新锯片，将锯片安装在中轴上，确认刀片表面上的箭头方向与刀片盖上的箭头一致。装上外法兰盘，拧上六角螺栓。然后按住轴锁，用套筒扳手沿逆时针方向，完全拧紧六角螺栓。然后按顺时针方向调整螺栓，以便扣紧中心盖。

(8)维护与保养。

①保持机具的清洁。每次操作完毕后，要擦洗整个机具，清除沟槽和零件间隙的杂物，以确保机具具有良好的工作状态。

②机具使用完毕后，要用固定的机架存放，以免受到挤压和磕碰而使零件变形或损坏。

③不用的锯片取下后，一定要放到安全、干燥的地方并架好，以防变形和断裂。

④机具的运动部位结合处，要定期上油，以保持运动灵活。

⑤定期检查更换电机的碳刷。当碳刷磨损到 5～6mm 时要及时更换。经常保持碳刷的清洁，并且使其在夹内能自由滑动。

⑥定期做绝缘检查，发现有漏电现象时，应立即排除。特别是在潮湿环境操作时，要定期对电机做干燥处理。

(9)安全操作规程。

①开机前要检查锯片有无断裂、破损或变形，开关安全罩是否固定，主轴锁定装置是否处于非锁状态。

②检查工件锯割部位有无铁钉等硬物，如有应取下，以免回弹和损坏锯片。还要检查工件是否被夹紧。

③操作时右手要牢牢握住手柄，左手起辅助作用，且绝不可以放在切割线或接近锯片的部位。

④锯片在转动之前，一定要远离工件。锯片达到全速旋转后，方可接触工件开始操作。

⑤如有异常现象，应立即停机，拔下电源插头，方可检查维修。

10. 曲线锯

适用于在木材上面锯割较小曲率半径的几何图形和图案简

单的花饰。

(1)使用方法。

①工作前的检查。检查电源是否符合铭牌,开关是否灵活可靠、能否复位,锯条是否完好无损,然后方可接通电源开始工作。

②将曲线锯底板贴平在工件表面。按下开关,待锯条全速运动后靠近工件,然后平稳匀速地向前推进。

③若锯割材料中间的曲线,可先钻一个能插进曲线锯条的洞,然后再进行锯割。

④若锯割薄板材时,发现工件有反跳现象,则是锯条齿距过大,应更换细齿锯条。

⑤若板材太薄锯割困难,可考虑多层锯割或用废料加厚工件进行锯割,但废料必须要与工件夹牢。

⑥使用导尺可以保证精确的直线锯割。使用圆形导件,可以锯割圆和圆弧。

⑦如需锯割斜面,操作前先拧松底板调节螺钉,使底部旋转。当底板转到所需角度时,拧紧调节螺钉,紧固底板即可操作。

⑧锯割过程中,切不可将曲线锯任意提起。如遇异常情况,一定要先切断电源再进行处理。为了保证锯割曲线的平滑,最好不把曲线锯从锯割的锯缝中拿开。

⑨发现锯条磨损过多或已被损坏,要及时更换。

⑩锯条的拆装:拔下电源插头,用内六角扳手拧松定位环上的锯条固定螺钉,将原有锯条拆下。然后将所需新锯条齿朝前,尾部插入锯条装夹装置。最后把前面和侧面的固定螺钉拧紧(图 1-38)。

(2)维护与保养。

①保持机具的清洁。每次工作完后要擦洗整个机具，清除缝隙间的杂物，以便保持机具具有良好的工作状态。

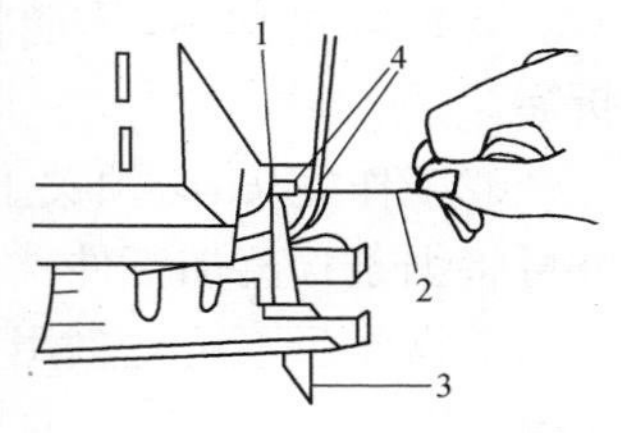

图 1-38　锯条的拆装

1—侧定位螺钉；2—内六角扳手；3—锯条；4—前定位螺钉

②机具使用完毕后，要有固定的机架存放，以免受到挤压和磕碰，而使零件变形或损坏。

③不用的锯条取下后，一定要放到安全的地方架好，以防变形和断裂。

④机具运动部位的结合处，要定期上油，以保持运动灵活。

⑤定期检查更换电机的碳刷，当碳刷磨损到 5～6mm 时要及时更换，经常保持碳刷的清洁，并且使其在夹内能自由滑动。

⑥定期做绝缘检查，发现有漏电现象时，应立即排除。特别是在潮湿环境操作时，要定期对电机做干燥处理。

(3)安全操作规程。

①操作前的检查，检查工件下面是否留有适当的空隙，以防锯条碰到其他物品，造成物品和锯条的损坏。所有安全装置必须完好有效，开关要灵活，而且能复位，电源要符合铭牌，螺钉要紧固。

②锯割小的工件，应将工件固定好。不要锯割超过规定的工件。

③在锯割墙壁、地板、顶棚等上面的材料时，一定要先检查所有锯割部位是否有通电电线。锯割时手一定要抓在机具的绝缘把手上。

④只有当手拿起工具方可操作，不可脱手丢开已在转动着的工具。

⑤锯割过程中，不能将曲线锯提起，以防锯条受到撞击而折断。

⑥工作完毕，必须关上开关，并等到锯条完全停止运动后，方可将锯条移离加工件。

⑦操作后不可立刻用手去触摸锯条和加工件，以免烫伤。

11. 刨削机械

刨削机械按其用途分类，主要有手提式电木刨和台式电木刨。

手提式电木刨是装饰木工现场施工中应用最广泛的机具之一，适用于木材表面的刨削、裁口、刨光、修边等。

(1)使用方法。

①将工件夹持牢固。

②按加工要求将深度调节旋钮调到粗或精加工的数值范围，一只手紧握深度调节把手，另一只手紧握工具手柄(图1-39)。

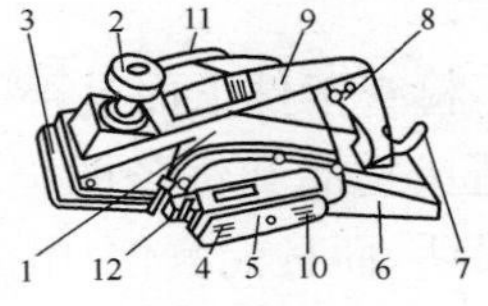

图 1-39 手提式木工电动刨

1—罩壳；2—调节把手；3—前座板；4—主轴；5—皮带罩壳；6—后座板；7—接线头；8—开关；9—手柄；10—电机轴；11—木屑出口；12—碳刷

③启动前先将刨削口的前端平放在工件的后端，而刨削刀口不要接触工件。

④启动开关，使电刨的刃口沿着工件平稳缓慢地切入工件，操作过程中，使工具底面自始至终与工件保持水平状态，以保证

工件刨削表面光滑平整。

⑤对于较长的工件,用工具前端的螺栓将导刨器固定在刨身的一侧,当推动工具前进时保持与工件在同一条直线上。

⑥如需裁口,将导刨器装在工具一侧,然后将它调节至工件需刨削槽的宽度位置,沿着边沿已设定的距离刨削。

⑦如需刨削棱边,将前部底板中央的90°槽沟吻合在工件棱边上,斜着推进工具。

(2)维护与保养。

①在工具使用完毕后应清理干净并按工具使用说明及时加润滑油及更换失效的零件。

②保持工具手柄清洁、干燥,并避免油脂等污染。

③经常检查安装螺钉是否紧固妥善,若螺钉松了,应立即重新扭紧。

④定期检查导线有无破损,工具是否绝缘。

⑤定期更换和检查碳刷。当其磨损到5～6mm时就需要更换。要保持碳刷清洁,并使其在夹内能自由滑动。

(3)安全操作规程。

①使用前务必留意工具铭牌上所标明的运转电压及使用范围。

②空缺盖、罩或任何紧固零件的工具,务必装配齐全方可启用。

③按说明书正确地安装紧固好刨刀。

④工具在操作时勿用手触及运行中的部分,若遇到刀具咬合在工件上,勿强行操作。

⑤刨削前应确定工件上没有钉子或其他硬物,避免损伤刀刃或导致事故。

⑥由于启动时电机在惯性的冲动下会使刨具从操作者手中

跳脱，因此必须牢固握持刨具。

⑦整个操作过程中，工件要夹持平衡，不要偏于一端，以免导致事故。

⑧工具活动部分还未完全停下时，不要把它搁下。

⑨切勿将刀锋对着人。

⑩在正式启动前或不使用时，若换用主件，务必将工具拔离电源插座。

⑪不要用电源导线吊持工具或拉牵导线使插头拔离电源插座，勿使电源导线接近热源、油类和锐利物品。

12. 手电钻

手电钻（图 1-40）主要用在木板上钻孔、扩孔，还可以配上不同的钻头完成打磨、抛光、拆装螺钉螺母等。

图 1-40　手电钻

(1)使用方法。

①按工作内容选择合适的手电钻和钻头。钻头使用前要磨好，确保锋利适用，确认机具、导线绝缘良好，开关灵活有效。

②确认钻头和夹头无杂物缠绕，装好钻头后，用专用扳手紧固。

③将钻头顶部放在预钻孔的中心，轻压握牢、站稳，接通开关，完成操作。

④在孔即将钻透时，要减少压力，以免钻透时造成人员、材料损伤。

(2)维护与保养。

①夹头滚柱等转动部分和电机要定期加润滑油。

②电机工作时间过长会发热，这时要暂停，待电机冷却后再继续操作。

③定期检查电机碳刷，当其磨损到5～6mm时要及时更换。

④经常检查各紧固螺栓，确保无松动。

⑤操作完毕后要拆下钻头，清除残屑尘土，盘好电源线挂放好。

⑥潮湿天气要定期做干燥处理。

(3)安全操作规程。

①操作前要确认开关在断开位置再将插头插入电源插座。

②操作时留长发的人要戴好帽子，双脚一定要站稳，身体不可接触接地的金属，以免触电。

③只可单人操作，不允许多人同时作业。

④不准用电源线拉拽手电钻，以防机具损坏和漏电。

⑤电钻把柄要保持干燥清洁，不沾油脂。

⑥不得在易燃易爆处或过于潮湿处操作。

⑦操作中出现卡钻头或孔钻偏等问题时，要立即切断电源开关调整。

⑧手电钻操作时，要有漏电保护装置，电缆线要挂好，不可随地拖拉。

⑨电钻出现故障或发出异响，应立即停机拔下电源插头，由专业人员检修。

⑩拆装钻头时，必须用专用扳手。

⑪操作中不准戴手套，仰面作业时要戴防护眼镜。

⑫加工较小工件时，要用台钳夹牢，不可用手扶握工件操作。

13. 电冲击钻

电冲击钻(图1-41)适用于装饰木工对各种室内外墙壁装修

和复合材料的钻孔。

(1)使用方法。

①根据操作内容选择合适的电钻和钻头,并确认钻头锋利,机具各性能良好,电源与机具规格相符。

②确认钻头、夹头无杂物缠绕,按要求装好钻头,用专用扳手紧固。

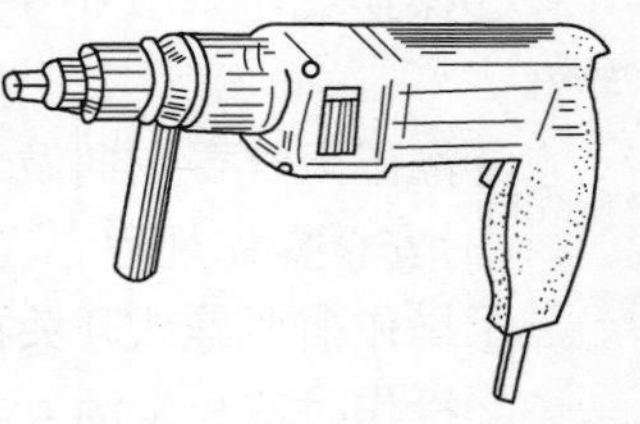

图 1-41 电冲击钻

③将调节环指针拧至所需档位。

④将钻头顶部放在所要钻孔的中心,握牢、站稳,接通控制开关,开始操作。

⑤在钻孔过程中,一定要轻压,匀速推进。

(2)维护与保养。

①工作完毕后要拆下钻头,清除灰尘,运动部位要加润滑油。

②定期拆机做全面清理。特别是传动装置要确保清洁、润滑良好。

③每天从油量计窥视窗检查油液一次,当发现油量少时,应及时补充,并应定期更换,保持油液清洁。

④经常检查各紧固螺栓,确保无松动。

⑤定期检查电机碳刷,当其磨损到 5～6mm 时,应及时更换。

⑥工作时间过长会使电机、钻头发热,这时要暂停,待其冷却后再继续操作。

⑦钻头要妥善保管。工作完毕拆下后要用油脂涂其表面以防锈蚀。

⑧潮湿天气，要定期对电机做干燥处理。

(3)安全操作规程。

①工作前要确认调节环指针指在与工作内容相符的地方。

②操作时须戴防护眼镜，留长发者要戴好工作帽。

③机具在操作中发生故障或出现异响，应立即停机，拔下电源插头，由专业人员检修。

④操作中出现卡钻头等问题时，要立即关掉控制开关调整。

⑤机具把柄要保持清洁、干燥、不沾油脂，以便两手能握牢。

⑥只可单人操作，而且操作中不准戴手套，双脚一定要站稳。

⑦严禁用电源线拉拽机具，以防损坏和漏电。

⑧使用电钻操作，要有漏电保护装置。电源线要挂好，不可随地拖拉。

⑨操作完要先关控制开关，再拔电源插头。

⑩不得在易燃易爆现场操作。

14. 砂纸磨光机

在装饰木作工程中，为使材料的光泽与质地达到一定的装饰效果，研磨是一项必不缺少的工作。研磨机械常用的有：砂纸磨光机、电动磨光抛光两用机、砂带磨光机等。

砂纸磨光机适用于木制品表面的抛光及喷漆之前木制品的打磨。

(1)使用方法。

①握紧工具，启动使其获得最大速度时，缓慢地将工具放在工件的表面。打磨时不可对打磨机施加过度的压力。此外，在打磨或抛光时，切勿盖住电机上部的通风孔，否则会导致过热以致损坏设备。

②为获得较好的研磨效果，要以平稳的速度和均匀的力量前后交替地移动打磨机。

③在安装了新的粗颗粒的砂纸之后，打磨或抛光时，将打磨机前面或后面稍稍翘起，会避免打磨机运动的不稳定现象。

④在工具下面放一布片，有利于家具或其他精细木制品表面光洁度提高。

⑤固定砂纸，松开簧片，插入一张砂纸，把砂纸与砂纸垫平行对齐拉紧。在嵌入砂纸的一边之前，先将另一边从边缘算起10mm处折一下，从折过的边缘算起10mm处再折一下。

(2)维护与保养。

①保持工具清洁，每次使用完毕后将底板及缝隙和机壳上的粉尘清除干净。

②按工具使用说明给工具的活动部件和轴等处加润滑油，及时更换失效零部件。

③保持工具手柄清洁、干燥，并避免油脂污染。

④经常检查安装螺钉是否紧固，若发现螺钉松了，应立即重新扭紧。

⑤若砂纸出现损伤应及时更换，以免导致砂纸垫损坏。

⑥定期检查导线有无破损。

⑦定期更换和检查碳刷。当其磨损达5～6mm时就需要更换。要保持碳刷清洁并使其在夹内能自由滑动。

⑧工具不用时应收藏在干燥处。

(3)安全操作规程。

①操作前检查工具铭牌上标示的电压是否与电源电压一致，检查工具的开关是否关闭。

②操作前检查工具各部件有无损坏，有则及时更换。检查之前需关上并切断电源。

③只有用手拿起工具后方可操作，不可脱手放开正在转动的工具。

④必须在适当的转速下使用工具。

⑤检查电线接头、接地是否良好。

⑥除非电源插头已从电源插座拔下，否则绝不可接触活动部分或附件。

⑦应以低于铭牌上的额定输入功率进行操作，否则电机将过载而影响操作精度，并降低效率。

⑧贴砂纸前决不可转动工具，否则将会严重损坏砂纸垫。

⑨不可拖着导线移动工具或拉出插头等，勿使导线接触高热物体或沾湿油脂。

⑩打磨时勿用水或研磨液，否则会导致触电。

⑪不可在阴暗潮湿地方使用电动工具，不可淋雨。

15. 电动磨光、抛光两用机

电动磨光、抛光两用机适用于木材表面的修整抛光、砂光、擦扫等。

(1)使用方法。

①握紧工具，启动使之获得最大速度时缓慢地将工具放在工件上，让磨削砂轮的边端与磨削材料的角度大约保持 10°左右。

②选择适当颗粒的磨削砂轮。

③砂轮的拆装。将电源关掉。首先放好。安装砂轮时，把塑料垫放在主轴上，接着把砂轮、橡胶垫、紧固螺钉按顺序合在一起放在塑料垫上。然后捏住塑料垫的边端，用六角扳手把紧固螺钉向右拧紧。拆砂轮时，跟安装时一样，用一只手抓住塑料垫，另一只手用六角扳手向左松紧固螺钉。

(2)维护与保养。

①定期更换和检查碳刷。当碳刷磨损到5～6mm时,就需要更换。

②定期检查导线有无破损,工具是否绝缘。当不使用时,工具应设置于干燥处。

③经常检查安装螺钉是否紧固,若发现螺钉松了,应立即重新扭紧。

④保持工具手柄清洁、干燥,并避免油脂污染。

⑤工具使用完毕后应清理干净并按工具使用说明及时加润滑油并更换失效的零部件。

(3)安全操作规程。

①使用前必须留意工具铭牌上的运转电压及使用范围。

②将插头插入电源插座以前,须检查工具的开关是否关着。

③操作前,须仔细检查工具的各部分是否有损坏,损坏的程度是否影响工具的正常性能。检查所有可移动部分是否在正确位置,必须固定的部分是否紧固等。

④接电源前先检查工具的开关操作是否灵活,扣上扳机再放松,扳机开关是否能够弹回原位(关闭)。

⑤必须在适当的转速下使用工具。

⑥只有用手拿起工具后方可操作,不可脱手放开正在转动的工具。

⑦除非电源插头已从电源插座拔下,否则绝不可接触活动部件。

⑧使用完毕在停止转动前,不要将工具立刻放在有许多细屑、污物和灰尘的地方。

⑨勿使工具受撞击,以免导致砂盘破裂。

⑩防止过载操作。

⑪按使用说明书定时更换砂轮。

⑫工具不用时一定要拔开电源插头。

16. 砂带磨光机

砂带磨光机适用于木制品表面磨光、磨砂。

(1)使用方法。

①调节砂带的位置。按下开关键，把砂带调到检测位置，向左或向右旋转调节螺钉，固定好砂带的位置，使砂带边缘与驱动轮边缘有 2～3mm 空隙。如果操作中砂带有位移，可进行调节。

②用一只手抓住手柄，另一只手调节速度旋钮，启动机器，保证工具与工件表面轻轻接触。

③要以恒定的速度和平衡度来回移动工具。

④选择合适的磨光砂带。

⑤边角磨光时用附件来完成。

(2)维护与保养。

①按工具使用说明及时加润滑油及更换失效的零部件。尤其是砂带磨损大就应及时更换。

②保持工具清洁。使用完毕后应将缝隙机壳等处擦干净。

③检查螺钉有无缺损锈蚀，若有，应及时装配齐全并加油，将松动螺钉拧紧。

④定期检查导线有无破损。

⑤定期更换和检查碳刷。当其磨损达到 5～6mm 时，就需要更换。要保持碳刷清洁，并使其在夹内能自由滑动。

(3)安全操作规程。

①使用前必须留意工具铭牌上的运转电压及使用范围。

②工具操作前，须仔细检查工具的各部分是否有损坏，损坏的程度是否影响工具的正常性能。检查所有可移动部分是否在

正确位置，必须固定的部分是否紧固等。

③将插头插入电源插座之前，须检查工具的开关是否关着。

④接电源前检查工具的开关操作是否灵活，扣上扳机再放松，扳机是否能够弹回原位（关闭）。

⑤当机器与工件表面接触时，绝不能打开开关，否则将损坏工件。

⑥必须在适当的转速下使用机具。

⑦只有用手拿起工具后方可操作，不可脱手放开正转动的工具。

⑧断开电源前绝不可用手接触活动部件。

17. 射钉枪

射钉枪是现代装饰装修中一种新型的紧固工具。

（1）使用方法。

①机具嘴朝上，钉尖朝下滑入装钉器内。

②把装钉器翻起，并对准内套嘴。

③把装钉器上的装填把手尽量往回推，钉装好后，把装钉器回复到原来位置。

④弹药夹由柄底插入，必须先装好钢钉，才可插入弹药。

⑤检查撞击力调节器的位置是否正确。

（2）维护与保养。

①各紧固调节螺栓、蝶形螺母及转动轴要保持转动灵活，定期上油。

②射击中如活塞筒动作不灵活，应清除活塞筒外面及套筒里面的火药残渣。

③机具操作完毕必须清洁干净。

④机具使用完毕后，要有固定的机架存放，以免受到挤压和

磕碰，而使零件变形或损坏。

(3)安全操作规程。

①操作前检查所有安全装置必须完好有效。

②射钉枪的选用必须与弹、钉配套。

③电源线应挂好或放在安全的地方，而不要随地拖拉、乱放或接触油及锋利之物。

④基体必须稳定、坚实、牢固。在薄墙、轻质墙上射钉时，基体的另一面不得有人。

⑤射击时，握紧射钉枪，枪口与被固件应保持垂直。

⑥只有在操作时，才允许将钉、弹装入枪内。装好钉、弹的枪，严禁枪口对人。

⑦发现射钉枪操作不灵时，必须及时将钉、弹取出。

⑧如有异常现象，应立即停机，拔下电源插头方可检查维修。

⑨射钉枪每天用完后，必须将枪机用煤油浸泡擦净，然后涂上油存放。

⑩操作人员必须经过培训，按规定程序操作。

18. 打钉枪

打钉枪是用于紧固装饰木工工程中木制装饰面、木结构构件的一种比较先进的工具。

(1)使用方法。

①右手抓住机身，左手拇指水平按下卡钮，用中指打开钉夹一侧的盖。

②把钉推入钉夹内，钉头必须朝下，而且必须在钉夹底端。

③然后将盖合上，接通气泵即可使用。

(2)维护与保养。

①保持机具清洁，每次工作完毕后，要清理整个机具。

②要放松各紧固件，以防螺栓疲劳变形。

③各紧固调节螺栓、蝶形螺母及转动轴要保持灵活，定期上油，以防锈蚀。

④机具使用完毕后，要有固定的机架存放，以免受到挤压和磕碰，而使零件变形或损坏。

⑤及时更换易损件，擦洗灰尘。

(3)安全操作规程。

①操作前检查所有安全装置务必完好有效。

②操作中的气钉枪充气压不超过 0.8 MPa。

③钉枪口不能对着自己和其他人。

④不使用钉枪时，钉枪需调整、修理，并取下所有的钉。

⑤使用各种气钉枪时，都要戴上防护镜。

⑥只能使用干燥的气体。

⑦不可用于水泥、砖等硬基面。

19. 木工雕刻机

木工雕刻机用于在木材上开各种不同形状的槽沟、凸面、凹面以及雕刻各种花纹图案等。

(1)使用方法。

①先使刀头与工件接触，然后使止动杆紧靠切削深度设定螺钉，并用蝶形头螺栓将其锁紧。

②松开蝶形头螺栓，拉出把手并转动把手调节标尺，使止动杆上的标尺指针对准标尺上的“0”。然后松开把手并旋紧蝶形头螺栓。

③松开蝶形头螺栓，使止动杆能自由移动，然后转动把手使止动杆上的标尺指针与标尺上示出的所要求的切削深度相一

致。完成调节以后，旋紧蝶形头螺栓锁紧止动杆。

④利用此机具加工木线时将可调底面反紧固在台面下，将台面挖一孔使刀头露出可上下移动；台面上附以定位和压扶装置即可根据需要加工木线、装饰线等。

(2)维护与保养。

①滑动部分要时常加润滑油。

②要经常检查安装螺钉是否紧固，若发现螺钉松动，应立即重新扭紧。

③要注意电动机的维护、定期清洁。

④定期检查更换电机碳刷。当碳刷磨损到5～6mm时，应及时更换，要保持碳刷清洁，并使其在夹内自由滑动。

⑤定期做绝缘检查，发现有漏电现象时，应立即排除，特别是在潮湿环境操作时，要定期对电机做干燥处理。

(3)安全操作规程。

①使用前务必留意工具铭牌上的运转电压及使用范围。

②操作中，一定要握住两根手柄。

③操作中及操作完毕刀头热时，不可用手碰刀头。

④如有异常情况，应立即停机，拔下电源插头方可检查维修。

⑤电源线应挂好或放在安全的地方，而不要随地拖拉、乱放或接触油及锋利之物。

20. 木工修边机

木工修边机适用于装饰木工修整木制品的棱角、边框、开槽，适用各种作业面使用。是一种先进的木制品加工工具，而且容易操作。

(1)维护与保养。

①保持机具的清洁,每次工作完毕,要清理整个机具。

②机具使用完毕后,要用固定的机架存放,以免受到挤压和磕碰,而使零件变形或损坏。

③各紧固调节螺栓、蝶形螺母及转动轴要保持灵活,定期上油,以防锈蚀。

④定期做绝缘检查,发现有漏电现象时,应立即排除,特别是在潮湿环境操作时,要定期对电机做干燥处理。

⑤安装刀头时应使刀头完全插入套爪夹盘孔之后,用扳手拧紧套爪夹盘。拆卸刀头时,要按安装步骤的相反顺序进行。

(2)安全操作规程。

①操作前检查所有完全装置必须完好有效。

②确认所使用的电源与工具铭牌上标出的规格相符。

③操作中,要双手握住手柄同时工作。

④如有异常情况,应立即停机,切断电源,及时维修。

⑤电源线应挂好或放在安全的地方,而不要随地拖拉、乱放或接触油及锋利之物。

第2部分　装饰装修木工岗位操作技能

一、吊顶工程操作

1. 吊顶的分类

吊顶装修可采用多种材料和不同的结构形式，以适应不同的技术、装饰要求。

吊顶按结构材料分为木吊顶、轻钢龙骨吊顶、铝合金吊顶等。

吊顶按结构形式分为直接式吊顶和悬挂式吊顶。

吊顶按面板材料不同分为实木板吊顶、木制材料吊顶、板条抹灰吊顶、石膏板吊顶、矿棉水泥板吊顶、金属吊顶、塑料系列吊顶和玻璃吊顶等。

吊顶又可分为暗龙骨吊顶和明龙骨吊顶。

2. 木吊顶的种类和构造

在钢筋混凝土板下木吊顶的种类和构造见表2-1。

3. 木吊顶的施工操作

(1)吊顶搁栅。

①吊顶搁栅安装前先按设计要求弹线找平，并找出起拱度，一般为房间宽度的1/200。

表 2-1 钢筋混凝土板下木吊顶的种类和构造

吊顶种类	构造简图	说明
肋形板下板条吊顶	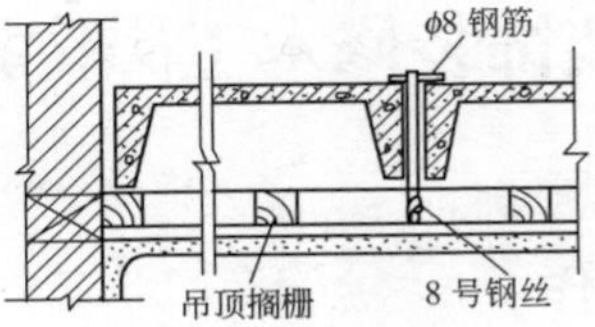 ϕ8 钢筋；吊顶搁栅；8 号钢丝	在肋形板缝上面放 ϕ8 短钢筋头，用 ϕ8 号钢丝一端固定在短钢筋上，另一端与吊顶搁栅绑扎拧紧，在吊顶搁栅下面钉灰板条
先浇钢筋混凝土板下板条吊顶	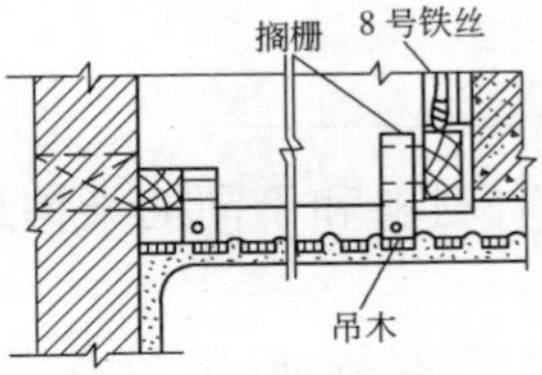 搁栅；8 号铁丝；吊木	在现浇混凝土板中预埋 8 号铁丝，在顺梁方向绑扎固定搁栅，再用吊木固定吊顶搁栅，下面钉灰板条
木丝板吊顶	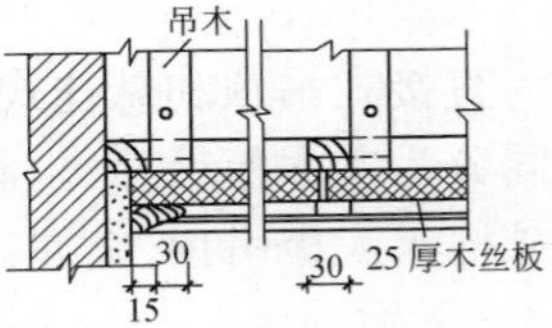 吊木；30；15；30；25 厚木丝板	搁栅和吊顶搁栅固定方法同上，但吊顶搁栅的间距应根据木丝板的尺寸确定，在吊顶搁栅下面钉木丝板，接缝处加压条

②沿墙纵向应预埋木砖，间距 1m 左右，用以固定安装搁栅的方木。

③搁栅的接头，凡断裂、大节疤处都需用双面夹板钉牢，且接头位置应错开。

④吊顶搁栅的间距为 400mm，如为轻质板材吊顶时，搁栅的间距以 400～600mm 为宜，并应符合所用板材的规格。吊木应交错地固定于吊顶搁栅地两侧。

(2)板条吊顶。

①板条接头应在吊顶搁栅上，不应悬空，在同一线上每段接头长度不宜超过 50cm，同时必须错开。

②板条需用锯锯断，不应用斧砍。板条两端各钉两个25mm钉子，中间钉一个钉子。

③板条接头一般应留3～5mm地缝隙，板条间地灰口缝隙一般为7～10mm。

④采用清水板条吊顶时，板条必须三面刨光，断面规格一致。

(3)木板吊顶。

①刨出的木板宽窄、厚薄要一致，错口要直，要严密。

②钉帽必须砸扁，顺木纹钉入板内3mm，钉行要直，间距要均匀，板子接头要错开，并锯齐。

③裁口板需倒棱，一般沿墙边须加盖口条。

4. 钢龙骨吊顶

轻钢龙骨是安装各种罩面板的骨架，为木龙骨的换代产品。

轻钢龙骨一般采用薄钢板或镀锌铁皮卷压成型，它配以不同材质，不同花色的罩面板不仅改善肋建筑物理热学、声学特性，也直接形成了不同的装饰艺术和风格，因而广泛应用于影剧院、音乐厅、会堂等较大的地方。

(1)主要结构。

轻钢龙骨罩面板吊顶主要有两大部分组成。一部分是由主龙骨、次龙骨、横撑龙骨及其配件构成的龙骨体系见图2-1。另一部分是各种罩面板，这就构成了轻钢龙骨罩面板施工体系。

龙骨按断面形状分为U型龙骨和C型龙骨。图2-2为CS60和C60两种系列的龙骨及其配件。

罩面材料主要有石膏板和矿棉板。

(2)轻钢龙骨的分类。

①按吊顶的承载能力，可分为上人吊顶和不上人吊顶。

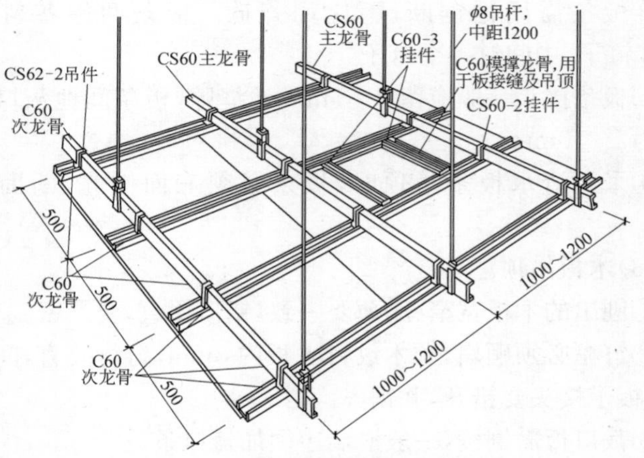

图 2-1　U 型上人吊顶龙骨安装示意图

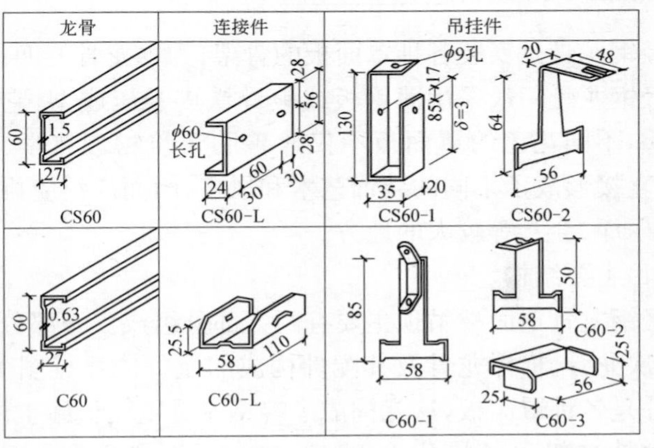

图 2-2　CS60、C60 系列龙骨及其配件

②按吊顶形状，可分为平吊顶、人字形吊顶、斜面吊顶和变高度吊顶，见图2-3。图 2-4 为吊顶形状示意图。

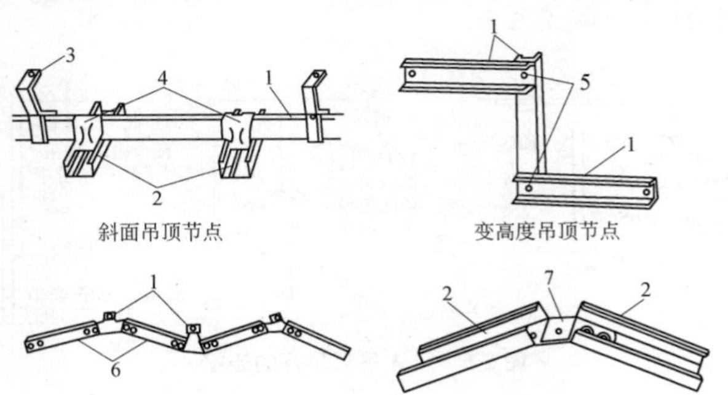

图 2-3　斜面吊顶、变高吊顶、人字形吊顶节点

1—主龙骨；2—次龙骨；3—主龙骨吊挂件；4—次龙骨吊挂件；
5—螺钉；6—大龙骨插挂件；7—中龙骨插挂件

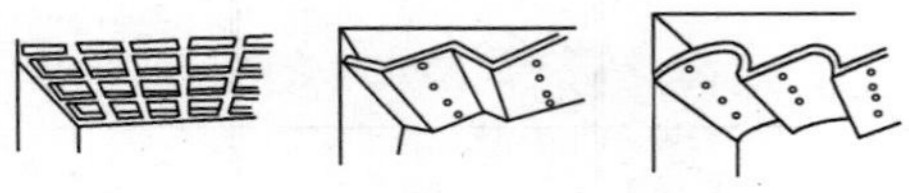

图 2-4　吊顶形状示意图

(3)施工工艺流程。

弹线定位→固定吊杆→安装与调平龙骨架→安装板材。

(4)弹线定位。

①弹线定出标高线：弹标高线的基准一般以室内水平基准线为准，吊顶标高线可弹在四周墙面或柱子上。

②龙骨布置分格定位线：按设计要求及饰面材料的规格尺寸决定。

布置的原则：尽量保证龙骨分格的均匀性和完整性，以保证吊顶有规整的装饰效果。

(5)固定吊杆。

①吊杆与结构的固定方式要按上人和非上人吊顶的方式来

决定，见图 2-5、图 2-6。

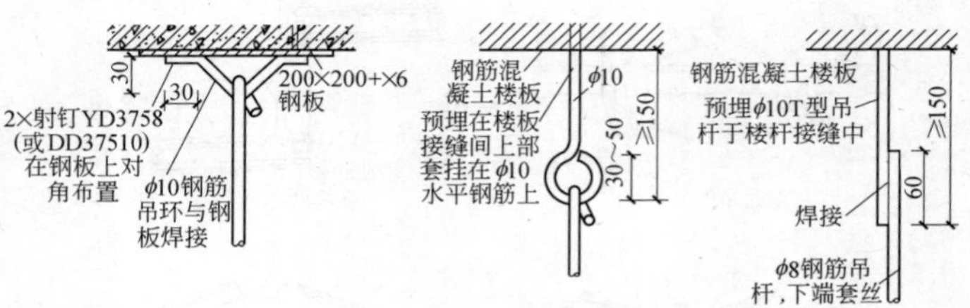

图 2-5 上人吊顶吊杆的连接

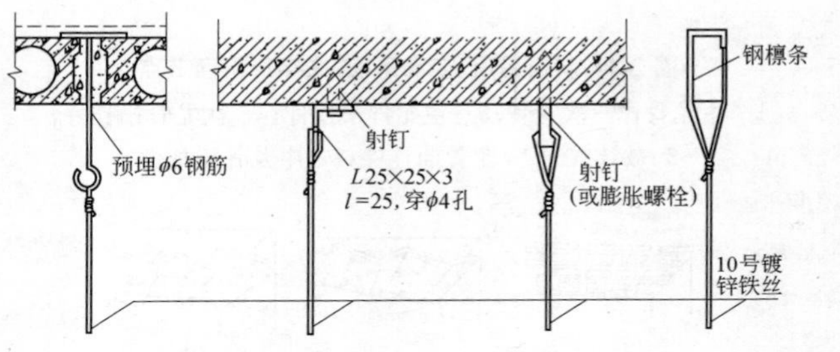

图 2-6 不上人吊顶吊杆的连接

②吊杆的距离一般为 900～1500mm，其大小取决于荷载。一般为 1000～1200mm。

③非上人吊顶可采用伸缩式吊杆，它的特点可以进行调整。

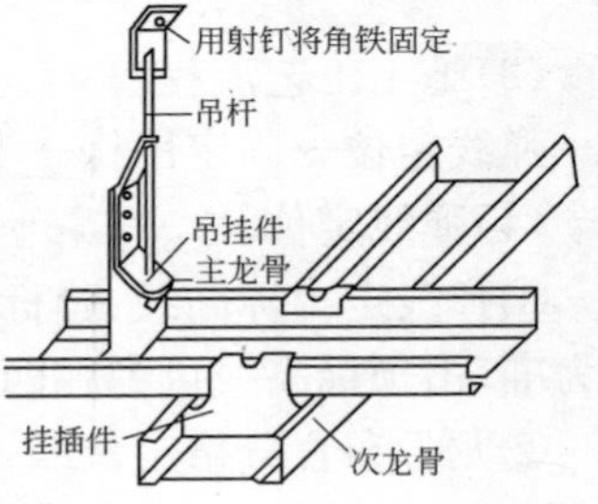

图 2-7 不上人吊顶吊挂件安装示意

(6)安装与调平龙骨架。

①用吊杆将各条主龙骨吊起到预定高度，并进行校正。

②主龙骨、次龙骨、挂插件及吊挂件和吊杆的连接关系，见图 2-7。

③主龙骨的间隔定位。先在数条长木方上按主龙骨的间隔钉上一排铁钉，再将长方木条横放在主龙骨上，并用铁钉卡住各主龙骨，使其按规定间隔定位。长木方条的两端应钉在两边的墙上。

如果吊顶没有主、次龙骨之分，其纵向龙骨的安装也按此方法进行。

④用连接件（挂插件）把龙骨安装在主龙骨上，并进行固定，其方法可见图 2-7。次龙骨的安装间距应按施工图规定安装。如果施工图未标出间距，则需要根据饰面板尺寸来考虑间距，通常两条次龙骨中心线的间距为 600mm，见图2-8。次龙骨的安装程序，一般是按照预先弹好的位置，从一端依次安装到另一端，如有高低跨时，则先装高跨部分，后装低跨部分。

(7)安装板材。

①安装形式：轻钢龙骨石膏板吊顶的饰面板一般可分为两种类型：一种是基层板需要在板的表面做其他处理；另一种板的表面已经做过装饰处理（即装饰石膏板类），将此板固定在龙骨上即可。固定方法用自攻螺钉将饰面板固定在龙骨上，自攻螺钉必须是平头的，见图 2-9。

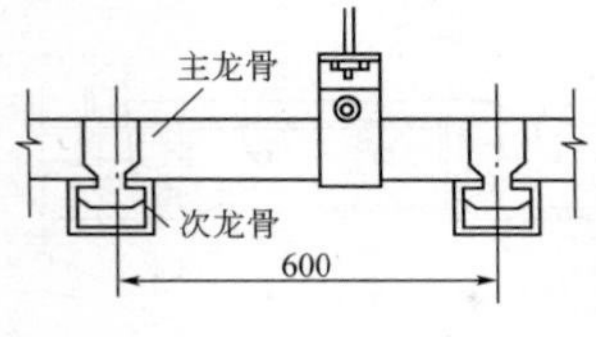

图 2-8　次龙骨定位、安装

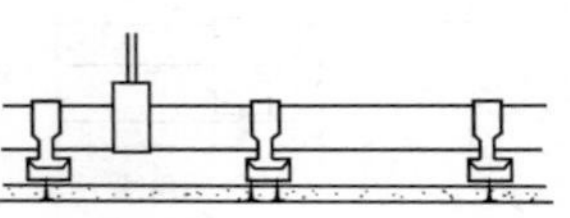
图 2-9　用自攻螺钉固定饰面板

②板材安装方法：基层板的定位及铺面固定时，应采取在吊顶面上交错布置的方法，以便减少变形量和对接缝集中在一起的现象。用自攻螺钉固定板面，其间距一般为 150～200mm，且

螺钉帽必须沉入板面内 2～3mm。固定板面时，应注意控制拼缝的平直。控制具体做法是按板的规格尺寸，拉出纵横的拼缝控制线，按线对缝固定。

（8）特殊部位的处理（收口处理）。

①吊顶与墙柱面结合部处理：一般采用角铝做收口处理，其结合方式可分为平接式或留槽式，见图 2-10。

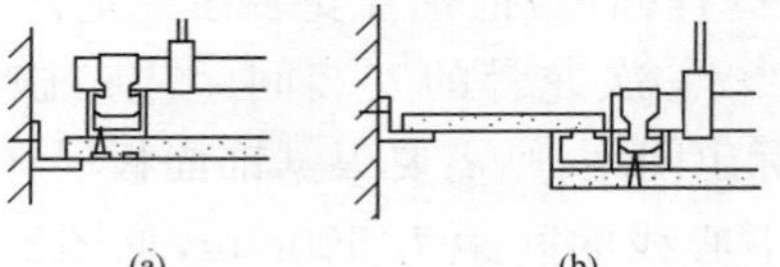

图 2-10　吊顶与墙柱面结合

(a)平接式；(b)留槽式

②吊顶与窗帘盒的结合部处理：一般采用角铝或木线条做收口处理，其方式见图 2-11。

③吊顶与灯盘的结合处理：安排灯位时，应尽量避免使主龙骨截断，如果不能避免，应将断开的龙骨部分用加强的龙骨再连接起来，见图 2-12。灯槽的收口也可用角铝线与龙骨连接。

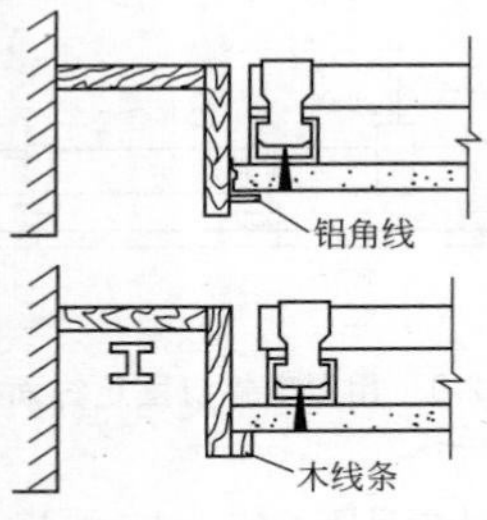

图 2-11　吊顶与窗帘盒的结合

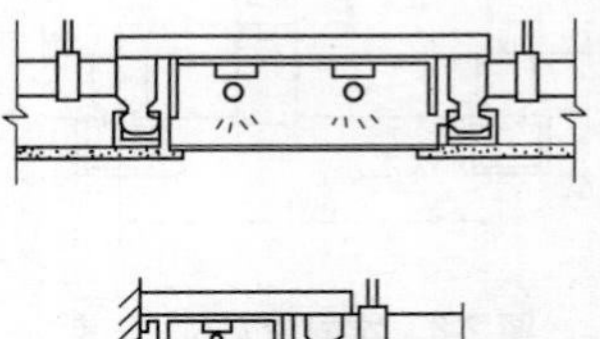

图 2-12　吊顶与灯盘的结合

二、隔墙工程

建筑物内部房间或空间常常要分割，这就产生了隔墙或隔断。隔墙或隔断本身不要求承重，但要求其自身重量轻，占地面积小，即厚度薄，拆装方便和具有一定刚度及隔声能力。

木质隔断墙包括两类：活隔断（可装拆、推拉和移动折叠式）和死隔断（长久性隔断）。具体做法和种类很多，木质隔断墙一般采用木龙骨、木拼板、木板条、胶合板、纤维板等材料。许多都是与其他材料混合使用。

1. 木隔断施工操作

（1）木隔断构造。

木隔断主要用于厕所、淋浴间的隔断，一般木隔断高度为1400mm，如为低式隔断时，一般高度为 800～1000mm，其构造见图 2-13。

（2）木隔断施工操作要点。

①注意打孔的位置应与骨架横向框料错开位。在需要固定木隔断墙的地面和建筑墙面，画出固定点的位置，防止偏移。

②木隔断的木料，应采用红松或杉木，含水量不得超过允许值的规定。

③木隔断安装完毕后，必须保持隔板平直、稳定，连接完整、牢固。

④所有露明木材均需刷底油一道，罩面漆两道。

⑤木隔断门扇小五金必须按图装配齐全，一般设有 $L=75$mm的普通铰链 2 个，$L=100$mm 的拉手 1 个，$L=75$mm 的普通插销 1 个。

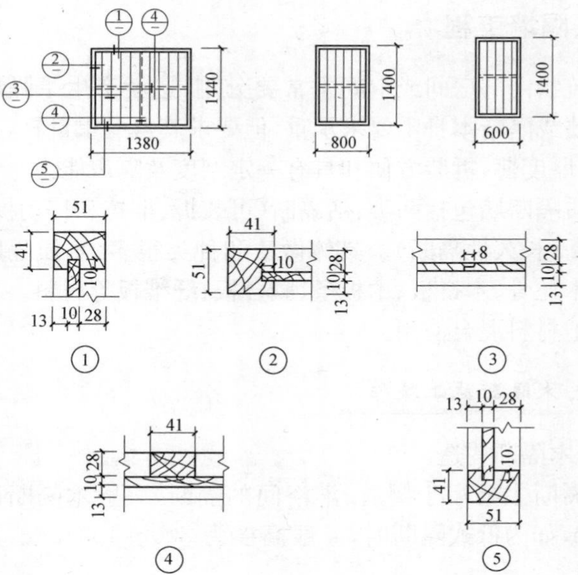

图 2-13　木隔断(单位:mm)

2. 木龙骨隔断墙施工操作

(1)木龙骨隔断墙构造。

木龙骨隔断墙通常采用木龙骨作为结构骨架,面层有胶合板、纤维板、木丝板,也有钉木板条抹纸筋灰罩面。隔断结构由上槛、下槛、立筋、横撑、板条或板材组成。其构造见图 2-14。

(2)木龙骨隔断墙施工工艺及操作要点。

①画线定位置。在需要固定木隔断墙的地面和建筑墙面,弹出隔断墙的宽度线和中心线。同时,画出连接固定点的位置,通常按 300～400mm 的间距在地面和墙面画出。

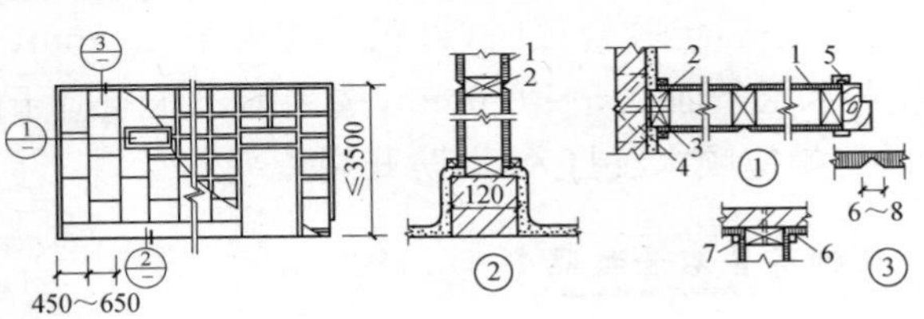

图 2-14　木龙骨隔断墙

②打孔。用 $\phi10$ 或 $\phi12$ 的钻头在中心线上打孔，孔深 45mm左右，向孔内放入 $\phi6$ 或 $\phi8$ 的膨胀螺栓。注意打孔的位置应与骨架竖向木方错开位。如果用木楔铁钉固定，就需打出 $\phi20$ 左右的孔，孔深 50mm 左右，再向孔内打入木楔。

③固定立筋木龙骨。先立墙筋，立筋木龙骨间距应与板材规格配合，一般为 400～600mm。按对应地面、墙面、顶面固定点的位置，在木骨架上画线，标出固定点位置。

④对于半高矮隔断墙来说，主要靠地面固定和端头的建筑墙面固定。如果矮墙隔断面的端头处无法与墙面固定，常用铁件来加固端头处，加固部分主要是地面与竖向木方之间。

⑤对于各种木隔断的门框竖向木方，均应采用铁件加固法，否则，木隔墙将会因门的开闭振动而出现较大颤动，进而使门框松动，木隔墙松动。

⑥钉面板。板缝 3～7mm，且用木压条盖住。并注意以下几点：

a. 胶合板钉压前要注意相邻面的颜色、纹理，应尽可能相近，以保证安装后美观一致。

b. 用钉子固定时，胶合板钉距为 80～150mm，钉子为 25～35mm，钉帽应打扁并钉入板面 0.5～1.0mm，钉眼用油性腻子抹平。这样，才可防止板面空鼓翘曲，钉帽不致生锈。

c. 用木压条固定胶合板时，钉距不应大于 200mm，钉帽亦应打扁钉入木压条面 0.5～1.0mm，选用的木压条应干燥无裂纹，打扁的钉帽应顺木纹打入，以防开裂。

3. 轻钢龙骨石膏板隔断

(1)基层处理。

安装隔断墙之前，先将工作面处的楼地面、楼板梁底面等清理干净，如有凸出底砂浆混凝土等，均应剔凿平整。

(2)弹线。

弹线包括两个方面，一个是墙体的位置，另一个是轻钢龙骨的画线。

①墙体位置线：根据施工图来确定隔断墙的位置、隔墙门窗位置，包括在地面上的位置、墙面位置和高度位置，以及隔墙的宽度。并在地上和墙面上弹出隔断的宽度线和中心线。

②龙骨画线：按所需龙骨的长度尺寸，对龙骨进行画线配料。配料的原则是先配长料，后配短料。

(3)龙骨的固定。

①固定沿地、沿顶、沿墙龙骨：用射钉枪(或冲击钻)分别将沿地龙骨、沿顶龙骨及沿墙龙骨按边线准确地固定在楼板、地面、屋顶和墙上等处，射钉距离一般在 800mm 以内，并且固定时要与竖向龙骨位置错开。如有隔声要求，沿地及沿顶龙骨与顶面或地面的接触面应用密封膏或泡沫密封条进行处理。

两端靠墙立柱用射钉枪固定在立墙上，射钉间距不大于 1 m；也可用冲击钻打眼，然后用膨胀螺栓固定，见图 2-15。

②轻钢龙骨的连接：轻钢龙骨隔墙的骨架分格，可按施工图进行。如果施工图中没有标明骨架的分格尺寸，则需根据石膏板或其他板材的尺寸，进行骨架分格设置。

轻钢龙骨隔墙的骨架分格是按竖向龙骨的间隔来分格。在门框、窗框处，用沿地龙骨作为横撑支杆来组成框格（图 2-16），或隔断墙不低于 3.5 m 时，可在竖向龙骨之间加专用横向加强龙骨条。

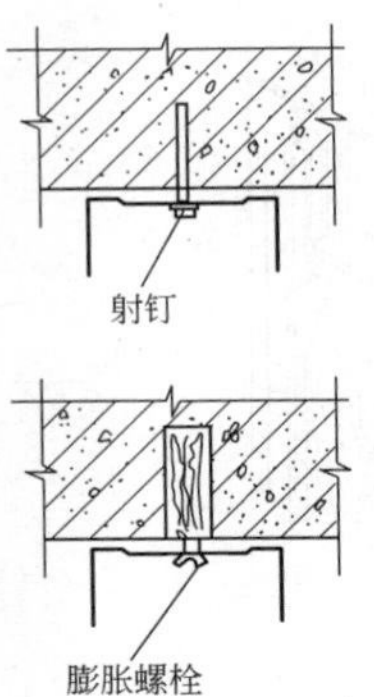

图 2-15　龙骨常用的固定方法

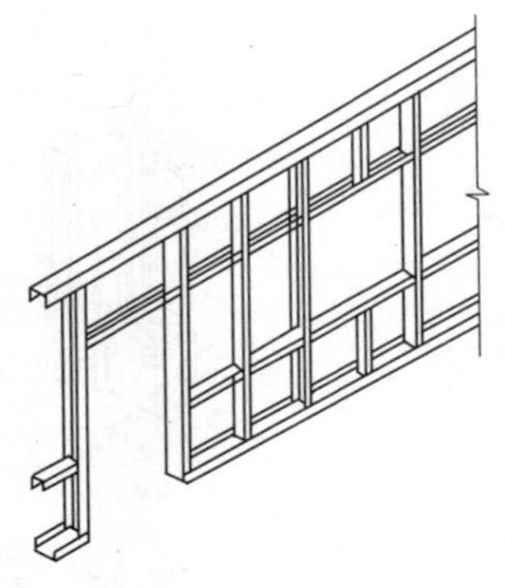

图 2-16　轻钢龙骨隔断墙的骨架分格

按沿地及沿顶龙骨之间的净距切割竖龙骨，并依次装入，立柱间距为 400～600mm，校正其垂直度后，将竖向龙骨与沿地沿顶龙骨固定起来。固定的方法有三种，见图 2-17。

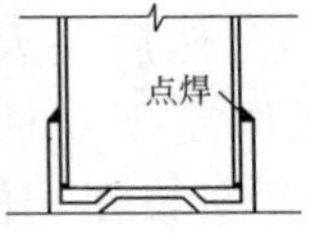

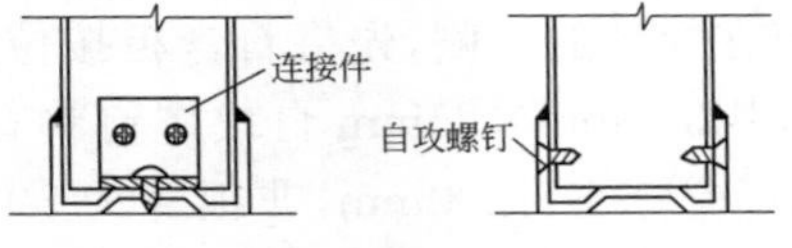

图 2-17　轻钢沿地、沿顶龙骨连接方式

竖向龙骨需要接长时，可用 U 型龙骨套在竖向龙骨接缝处，然后用铆钉或自攻螺钉固定，见图 2-18。

木门框与竖向龙骨的连接有多种做法，具体做法见图 2-19。

（4）安装板材。

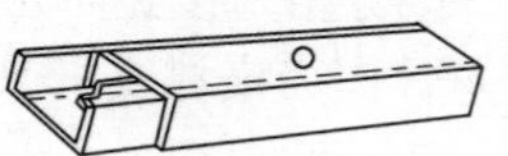

图 2-18　竖向龙骨接长示意图

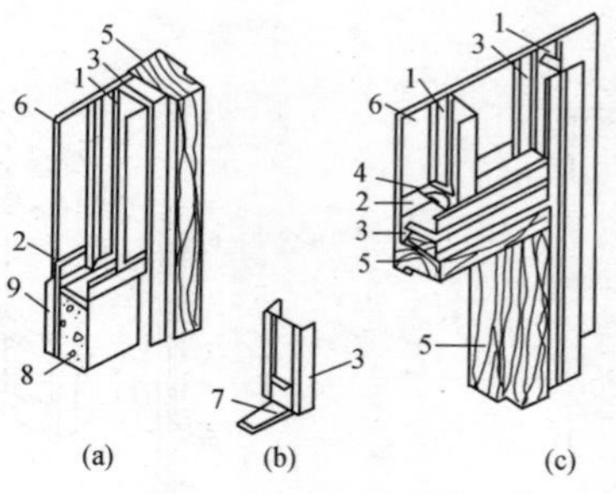

图 2-19　木门框与龙骨的连接

(a)木门框处下部构造；(b)用固定件加强龙骨连接；(c)木门框处上部构造
1—竖龙骨；2—沿地龙骨；3—加强龙骨；4—支撑卡；5—木门框；
6—石膏板；7—固定件；8—混凝土踢脚座；9—踢脚板

轻钢龙骨隔墙的饰面基层板通常使用石膏板。石膏板安装如下：

①在立柱的一侧，先将石膏板按位置立好，然后一人扶稳，另一人用3.5mm×25mm 自攻螺钉将石膏板固定于立柱上，螺钉间距：板缝处为200mm，非板缝为 300mm。安装完一侧石膏板后，按设计要求在隔墙空腔内敷设工程管线及填充材料。接着，用同样方法固定另一侧石膏板。为提高隔声效果，两侧石膏板应错缝安装。

②如需安装两层石膏板时，两层接缝应互相错开，并用3.5mm×35mm 的自攻螺钉将第二层石膏板固定在立柱上，见图 2-20。

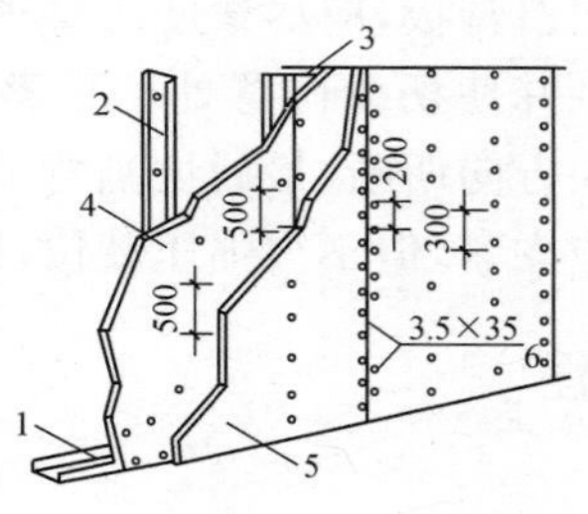

图 2-20　石膏板隔墙施工示意图

1—沿地龙骨；2—竖龙骨；3—沿顶龙骨；4—第一层石膏板；5—第二层石膏板；6—自攻螺钉

③石膏板宜竖向铺设，长边接缝应落在竖向龙骨上，这样可提高隔断墙的整体强度和刚度；若横向铺设，不要加竖向龙骨的横撑，并尽量使石膏板的短边落在骨架上，否则必须加背衬石膏板。

④当龙骨两侧均为单层石膏板时，两侧的板材接缝不能留在同一根竖向龙骨上；当铺两层石膏板时，龙骨同侧内外两层石膏板的缝，不能落在同一根竖向龙骨上。这样就避免了接缝过于集中，并弥补隔断强度、整体性及隔声性能等的缺陷。

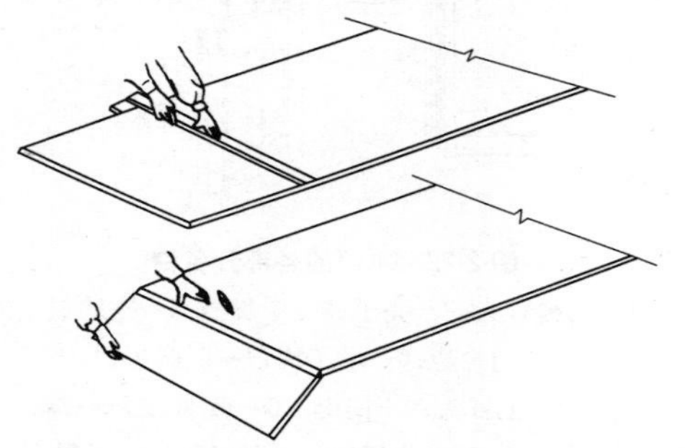
图 2-21　石膏板的切割

⑤隔断所用纸面石膏板，应尽量使用整板。必须切割时，应先用刀片切割正面纸并使切线位置处于平整工作台的边缘，然后沿切割线向背纸面方向掰断，最后切割背纸面，见图 2-21。

石膏板对接时应靠紧，但不得强压就位，以免产生内应力。

三、木门窗工程

1. 木门的构造

(1)木门的各部分名称。

木门一般是由门框(门樘)、门扇及五金零件组成。门框由边梃、冒头、中贯档组成。门扇由门梃、冒头、中梃和门心板(门肚板)等组成。木门各部分名称见图 2-22。

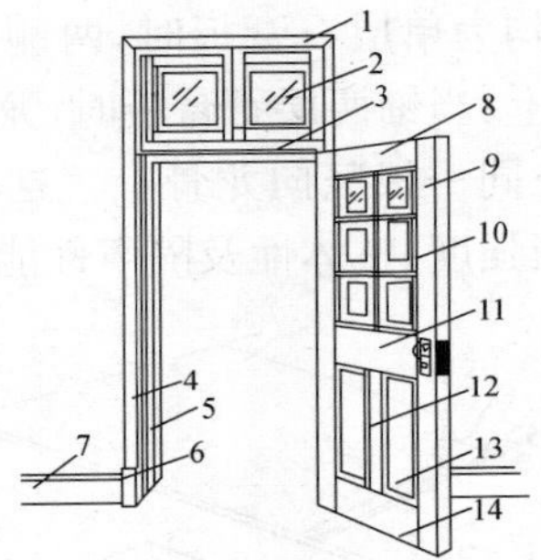

图 2-22 木门的各部分名称

1—门樘冒头；2—亮子；3—中贯档；4—贴脸板；
5—门樘边；6—墩子线；7—踢脚板；
8—上冒头；9—门梃；10—玻璃芯子；
11—中冒头；12—中梃；13—门肚板；14—下冒头

(2)木门的结合。

现以镶板门为例,说明其构造。

①门樘结合:门樘结合是门樘边梃与门樘冒头的结合。在樘子冒头两端打眼,樘子梃端头做榫。当采用立樘子(即先立樘后砌墙)施工时则应在樘子冒头两端留出走头,走头一般长约120mm,见图 2-23。

樘子梃与中贯档的结合,是在中贯档两端作榫,在樘子梃上打眼。当采用立樘子时,应在樘子梃外侧凿出燕尾榫眼,每侧至少三个,以备砌墙时将燕尾榫木砖嵌入眼中固定门樘,见图 2-24。

②门扇结合:门梃与上冒头结合,是在上冒头两端做榫,上半部做半榫,下半部做全榫,门梃上打眼,见图 2-25。

门梃与中冒头结合,是在中冒头两端各做两个全榫和中间一个半榫,在门梃上打两个全眼及一个半眼,见图 2-26。

门梃与下冒头结合,是在下冒头两端各做两个全榫及两个半榫,在门梃上打两个全眼及两个半眼,见图 2-27。

门心板与门梃、冒头的结合,是在门梃和冒头上开凹槽,槽宽为门心板的厚度,门心板镶入凹槽中,板边离槽底为2～3mm。

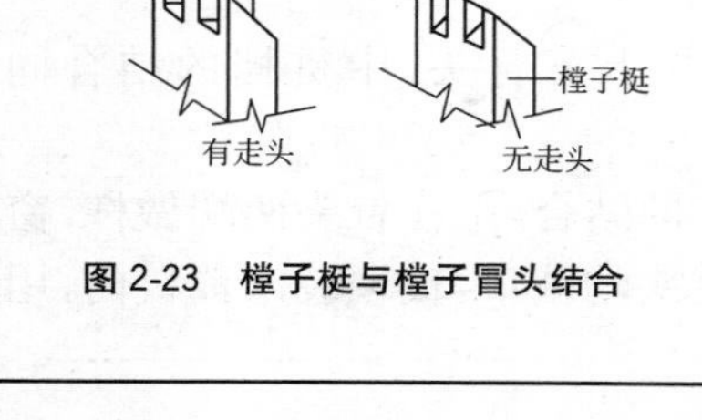

图 2-23 樘子梃与樘子冒头结合

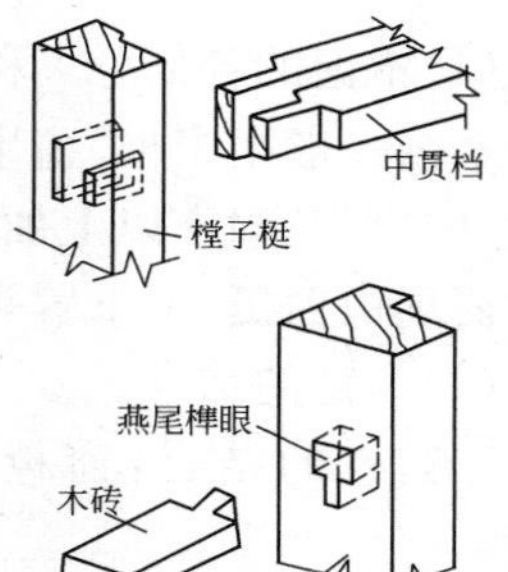

图 2-24 樘子梃与中贯档的结合

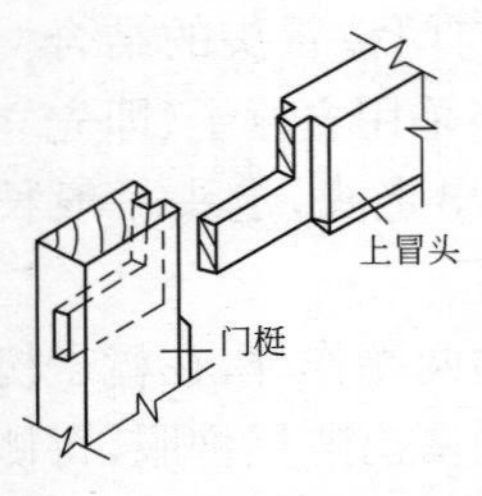

图 2-25 门梃与上冒头结合

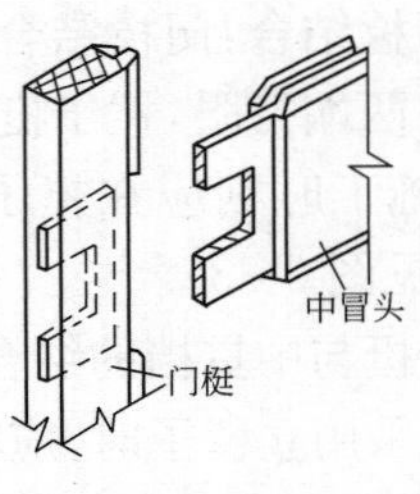

图 2-26 门梃与中冒头结合

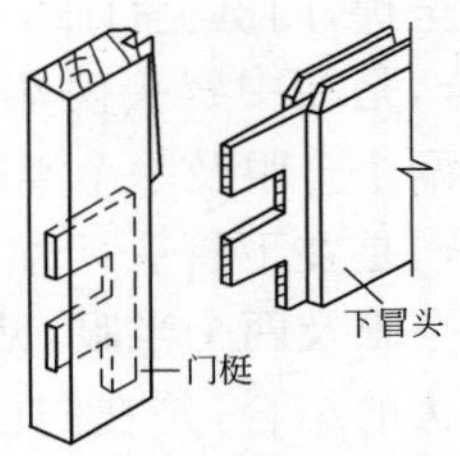
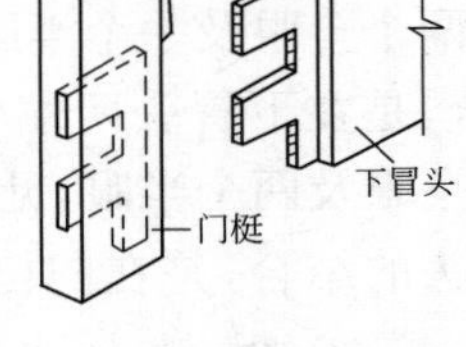

图 2-27 门梃与下冒头结合

2. 木窗的构造

(1)木窗的各部分名称。

木窗一般由窗框、窗扇及五金零件组成,见图 2-28。窗框由边框、中梃(三扇窗以上加设)上下冒头、中贯档等组成。

窗扇由窗梃、上下冒头、窗棂等组成。

(2)木窗的结合。

①窗樘的结合:窗樘边梃与上下冒头、中贯档的结合同门樘。

②窗扇的结合:冒头与窗梃的结合,是在冒头两端做榫,窗梃上打眼,见图 2-29。窗梃和冒头均裁口,玻璃装入裁口内,用

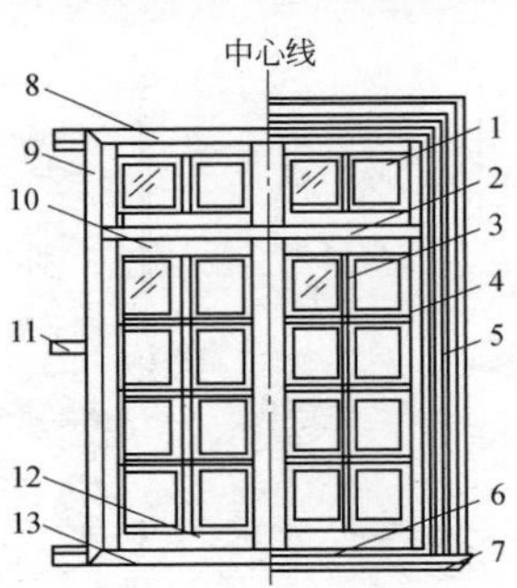

图 2-28　木窗各部分名称

1—亮子；2—中贯档；3—玻璃芯子；4—窗梃；5—贴脸板；
6—窗台板；7—窗盘线；8—窗樘上冒头；9—窗樘边梃；
10—上冒头；11—木砖；12—下冒头；13—窗樘下冒头

油灰或木条固定。

窗梃与窗棂结合，是在窗棂两端做榫，窗梃上打眼，见图 2-30。窗梃、窗棂都裁口，玻璃装入后，用油灰或木条固定。

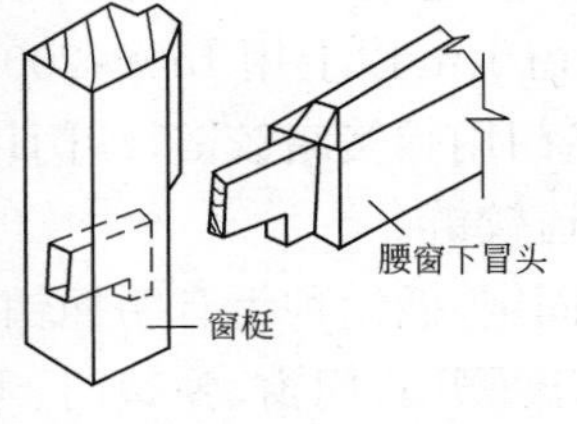

图 2-29　下冒头与窗梃结合

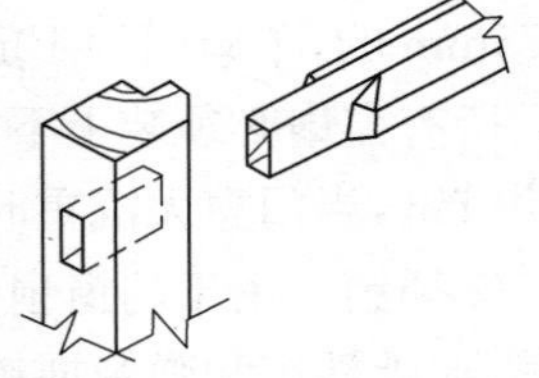

图 2-30　窗梃与窗棂结合

3. 木门窗用小五金、玻璃

(1)常用小五金。

常用木门窗五金见图 2-31。

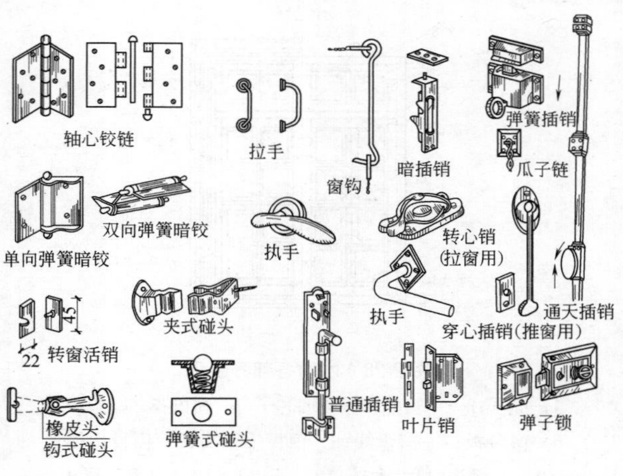

图 2-31 常用木门窗五金

①铰链。用于连接平开式门窗框与门窗扇。铰链有普通铰链、弹簧铰链、明铰链和暗铰链等形式，铰链尺寸的选择与门、窗大小有关。通常用 63mm 长的铰链，纱窗用 50mm 的，平开窗用 75mm 的，单扇门用 10mm 的，门窗 1 m 以上用 150～200mm 的。所有窗扇必须装上下两道，弹簧门用弹簧暗铰链，纱门用弹簧明铰链，当门窗大沉重时，则装三道铰链。

②插销。用于门窗扇关闭时的固定，插销种类有明插销、暗插销、通天插销和弹簧插销，分别用于平开式门窗、弹簧门、考究的长窗与门、转窗与翻窗。

③门锁。装在门框与门窗的边梃上，种类很多，常用的有弹子锁和执手锁两大类。执手锁又有片锁和弹子门锁两种，其中弹子门锁较安全。弹子锁安装在门梃外面，执手锁则镶在梃料内。

一般门窗有大型和小型两种，其执手的长度和中心离门梃的尺寸有差异，小型的执手长为50mm，大型的达60mm，小型中心离门边为55mm，大型为70mm。

④拉手、椎棍。装于弹簧门的门扇上，开门时使用。还供不装门锁的门扇使用，如纱门、厕所、隔间的小门等，也有用于窗扇的。

⑤门碰头。门扇开启后的固定装置，并有保护墙壁的作用，种类有钩式、夹式、弹簧式等，分别装在门扇、踢脚板或地板上。

⑥窗钩。窗扇开启后的固定装置，长度为30～400mm，平开窗一般用长150mm或200mm，亮子可用长100mm的风钩。

五金材料一般可用铁制，也有用塑料、铝合金的，高标准的采用铜制。转门、拉窗、推窗等均应装置特殊五金。升铰、转心销、穿心销、门顶弹弓、地弹簧和转门用滑轮（葫芦）转道等设备，这里不再赘述。

擦窗与五金及其他设备有关。对于高层、超高层建筑、除利用遮阳板或室外悬挂的擦窗特殊设施外，一般居住建筑外开式三窗扇（中间固定时）擦窗不安全，可采用长脚铰链。铰链轴心挑出窗面100mm，开启时能出现空隙，便于伸手擦窗。此外，还可将边扇的中间一块玻璃改为小窗。开启方向与大窗相反，这样就可伸手出小窗外上下擦窗，以解决边扇的擦窗问题。平时，小窗也可起透气的作用。

（2）常用玻璃。

玻璃在门窗工程中应用很广。玻璃是典型脆性材料，在冲击荷载作用下易破裂，热稳定性差，遇沸水易破裂，但它有较好的化学稳定性及耐酸性。

玻璃可以透光、透视、隔声、隔热，还可起到艺术装饰作用。其中，平板玻璃在建筑装饰装修工程中用量最多，它包括普通平板玻璃、安全玻璃及特种玻璃。

①普通平板玻璃。在建筑装饰装修工程中常用的普通平板玻璃是普通窗用平板玻璃，其厚度通常为 2、3、4、5、6、8、10、12mm，其中应用最广的为 2mm 和 3mm，其尺寸为 200mm×200mm～1800mm×2000mm。各种平板玻璃的特点及用途见表 2-2。

表 2-2 普通平板玻璃的特点和用途

<table>
<tr><th colspan="2">品种</th><th>工艺过程</th><th>特点</th><th>用途</th></tr>
<tr><td colspan="2">普通窗用玻璃</td><td>未经研磨加工</td><td>透明度好，板面平整</td><td>用于建筑门窗装配</td></tr>
<tr><td colspan="2">磨砂玻璃</td><td>用机械喷砂和研磨方法进行处理</td><td>表面粗糙，使光产生漫射，有透光不透视的特点</td><td>用于卫生间、厕所、浴室的门窗</td></tr>
<tr><td colspan="2">压花玻璃</td><td>在玻璃硬化前用刻纹的滚筒在玻璃面压出花纹</td><td>折射光线不规则，透光不透视，既有使用功能又有装饰功能</td><td>用于宾馆、办公楼、会议室的门窗</td></tr>
<tr><td rowspan="2">彩色玻璃</td><td>透明彩色玻璃</td><td>在玻璃原料中加入金属氧化物而带色</td><td rowspan="2">耐腐蚀、抗冲击、易清洗，装饰美观</td><td rowspan="2">用于建筑物内外墙面、门窗及对光波有特殊要求的采光部位</td></tr>
<tr><td>不透明彩色玻璃</td><td>在一面喷以色釉，再经烘制而成</td></tr>
</table>

②安全玻璃。安全玻璃根据玻璃的生产工艺及特点分为钢化玻璃、夹丝玻璃、夹层玻璃、中空玻璃。各种安全玻璃的特点和用途见表 2-3。

③特种玻璃。特种玻璃分为热反射玻璃、吸热玻璃和变色玻璃，这里不再赘述。

表 2-3　安全玻璃的特点和用途

品种	工艺过程	特点	用途
钢化玻璃(平面钢化玻璃、弯钢化玻璃、半钢化玻璃、区域钢化玻璃)	加热到一定温度后迅速冷却或用化学方法进行钢化处理的玻璃	强度比普通玻璃大 3～5 倍,抗冲击性及抗弯性好,耐酸碱侵蚀	用于建筑的门窗、隔墙、幕墙、汽车窗玻璃、汽车、挡风玻璃、暖房
夹丝玻璃	将预先编好的钢丝网压入软化的玻璃中	破碎时.玻璃碎片附在金属网上,具有一定防火性能	用于厂房天窗、仓库门窗、地下采光窗及防火门窗
夹层玻璃	两片或多片平板玻璃中嵌夹透明塑料薄片,经加热压粘而成的复合玻璃	透明度好,抗冲击机械强度高,碎后安全,耐火、耐热、耐湿、耐寒	用于汽车、飞机的挡风玻璃、防弹玻璃和有特殊要求的门窗、工厂厂房的天窗及一些水下工程
中空玻璃	用两层或两层以上的平板玻璃,四周封严,中间充入干燥气体	具有良好的保温、隔热、隔声性能	用于需要采暖、空调、防止噪声及无直射光的建筑,广泛用于高级住宅、饭店、办公楼、学校,也用于汽车、火车、轮船的门窗

4. 木门窗的制作流程与要求

(1)生产操作程序和一般要求。

①木门窗生产流程:配料→截料→刨料→画线→凿眼、开榫→裁口→整理线角→堆放→拼装→磨光(刨光)。

②榫要饱满,眼要方正,半榫的长度应比半眼的深度短 2～3mm。拉肩不得伤榫。割角应严密、整齐。画线必须正确,线条要平直、光滑、清秀、深浅一致。刨面不得有刨痕、戗槎及毛刺。遇有活节、油节应进行挖补,挖补时要配同样的树种、同木色,花纹要近似,不得用立木塞。

③成批生产时,应先制作一框实样,检查无误后,方可批量生产。如发现问题,应更正后方可批量下料加工。

(2)配料与截料。

①配料、截料要特别注意精打细算,配套下料,合理搭配,不得大材小用、长材短用、优材劣用。

②要合理的确定加工余量。宽度和厚度的加工余量,一面刨光者留3mm,两面刨光者留 5mm,如长度在 50 cm 以下的构件,加工余量可留 3～4mm。

长度方向的加工余量见表 2-4。

表 2-4 加工余量

构件名称	加工余量
门框立梃	按图纸规格放长 7cm
门窗框冒头	按图纸规格放长 22 cm,无走头时放长 4 cm
门窗框中冒头	按图纸规格放长 1 cm
窗框中竖梃	按图纸规格放长 1 cm
门窗扇边梃	按图纸规格放长 4 cm
门窗扇冒头	按图纸规格放长 1 cm
玻璃棂子	按图纸规格放长 1 cm
门扇中冒头	在 5 根以上者,有 1 根可考虑做半榫
门心板	按冒头及扇梃内净距长、宽各放长 5cm

③门窗框料有顺弯时,其弯度一般不应超过 4mm,有扭弯者一般不准使用。

④青皮、倒棱如在正面,裁口时能裁完者方可使用。如在背面超过木料厚的 1/6 和长的 1/5,一般不准使用。

(3)画线。

①画线前应检查已刨好的木料,合格后,将木料放到画线机或画线架上,准备画线。

②画线时要仔细看清图纸要求,和样板式样、尺寸规格必须完全一致,并先做样品,经审查合格后再正式画线。

③画线时应挑选木料的光面作为正面,有缺陷的放到背面,画出的榫、眼、厚、薄、宽、窄尺寸必须一致。

④用画线刀或线勒子画线时须用钝刃,避免画线过深,影响质量和美观。画好的线,最粗不宜超过 0.3mm,务求均匀、清晰。不用的线立即废除,避免混乱。

⑤画线的顺序一般先画外皮横线,再划分格线,最后画顺线。同时用方尺画两端头线、冒头线、棂子线等。

⑥门窗框无特殊要求时,可用平肩平插。框子梃宽超过 80mm 时要画双夹榫,门扇梃厚度超过 60mm 时要画双头榫,60mm 以内画单榫。冒头料宽度大于 180mm 时,一般应画上下双榫。榫眼厚度一般为料厚的 1/4～1/3,中冒头大面宽度大于 100mm 者,榫头必须大进小出。门窗棂子榫头厚度为料厚的 1/3。半榫眼深度一般不大于料断面的 1/3,冒头拉肩应与榫吻合。

⑦门窗框边梃的宽度超过 120mm 时,背面应起凹槽,以防卷曲。

(4)打眼、拉肩、开榫。

①打眼用的凿刃应和榫的厚薄一致,凿出的眼,顺木纹两侧要平直,不得错岔。

②打通眼时,先打背面,后打正面。凿眼时,眼的一边线应凿半线,留半线。手工凿眼时,眼内两端中部宜稍微突出,以便拼装时加楔打紧。半眼深度应一致,并比半榫深 2～3mm。

③拉肩、开榫要留半个墨线，拉出的肩和榫要平、正、直、方、光，不得变形。

④开出的榫要与眼的宽、窄、厚、薄一致，并在加楔处锯出楔子口。半榫的长度要比眼的深度短 2mm。拉肩不得伤榫。

(5)专裁口、起线。

①裁口刨、起线刨的刨底应平直，刨刃盖要严密，刨口不宜过大，刨刃要锋利。

②起线刨使用时宜加导板，以使线条平直，操作时应将线条一次刨完。

③裁口遇有节疤时，不准用斧砍，要用凿剔平然后刨光，阴角处不整齐时要用单线刨修整。

④裁口、起线必须方正、平直、光滑，线条清秀，深浅一致，不得戗槎、起刺或凸凹不平。

(6)拼装。

①拼装前对部件应进行检查。要求部件方正、平直，线脚整齐分明，表面光滑，尺寸、规格、式样符合设计要求，并用细刨将遗留墨线刨去刨光。

②拼装时，下面用木楞垫平，放好各部件，榫眼对正，用斧轻轻敲击打入。

③所有榫头均需涂胶加楔。楔宽和榫宽相同，一般门窗框每个榫加两个楔，木楔打入前也应粘胶鳔。

④紧榫时应用木垫板，并注意随紧随找平，随规方。

⑤普通双扇门窗，刨光后应平放，刻刮错口(打叠)刨平后，成对做记号。

⑥门窗框靠墙面应刷防腐油或沥青。

⑦拼装好的成品，应在明显处编写号码，用木楞将四角垫起，离地面 20～30 cm，水平放置，并加以覆盖。

5. 木门窗框的安装

门窗框施工方法有两种：即先立口和后塞口。

(1)先立口式施工要点。

①当砖墙砌到室内地坪时，立门框；砌到窗台时，立窗框。

②立口前必须对成品进行检查，经检查合格后才能进行安装。

③立口前，照图把门窗的中线和边线画到地面或墙上。然后，把框立于相应位置，并用撑杆临时支撑，用线锤和水平尺找直找平，并检查框的标高是否正确，如有不直不平之处随时收正。不垂直时挪动支撑调整，不平处可垫木片或抹砂浆调整。支撑一般在墙身砌完后拆除。

④砌墙过程中不要碰动支撑，并应随时对门窗框进行校正，防止门窗框出现位移、歪斜等现象。砌到放木砖位置时，要校核是否垂直，如有不直，在放木砖时要随时纠正。否则，木砖砌入墙内，将门窗框固定后，就难以纠正。每边的木砖不少于 2～3 块。

⑤同一面墙的木窗框应安装整齐。可先立两端的门窗框，然后拉一通线，其他的框按通线竖立。这样可保证同排门框的位置和窗框的标高一致。

(2)立框时注意事项。

①特别注意门窗的开启方向，防止出现错误难以纠正。

②注意图纸上门窗框是在墙中，还是靠近墙里皮。如果是里皮平的，门窗框应出里皮墙面(即内墙面)20mm，这样抹完灰后，门窗框正好和墙面相平。

门窗框的立口施工见图 2-32、图 2-33。

(3)后塞口式施工要点。

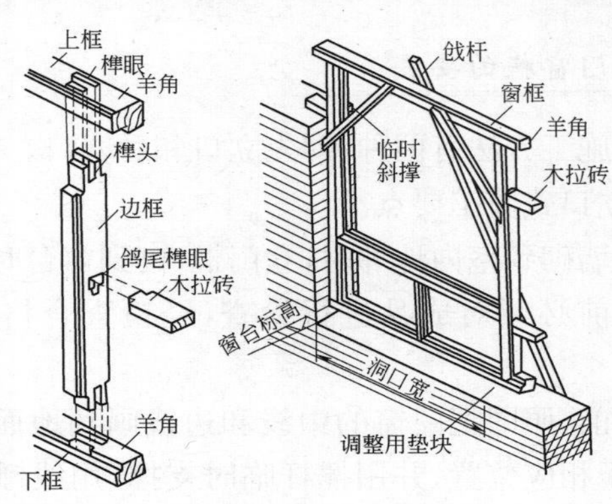

图 2-32 窗框立口安装

①门窗洞口要按图纸上的位置和尺寸留出，洞口应比门窗大 30～40mm(每边大 15～20mm)。

②砌墙时，洞口两侧按规定砌入木砖，木砖大小约为半砖，间距不大于1.2 m，每边 2～3 块。

③安装门窗框时，先把门窗框塞进门窗洞内，用木楔临时固定，用线锤和水平尺校正。校正后，用钉子把门窗框钉牢在木砖上，每个木砖上应钉两颗钉子，钉帽砸扁冲入梃内。

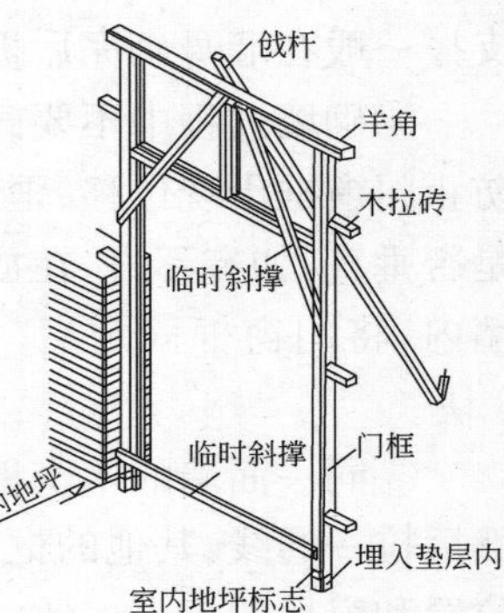

图 2-33 门框立口安装

④塞口时，一定要注意以下两点。

特别要注意门、窗的开启方向。整个大窗更要注意上窗的位置。

门窗框塞口式施工见图 2-34、图 2-35。

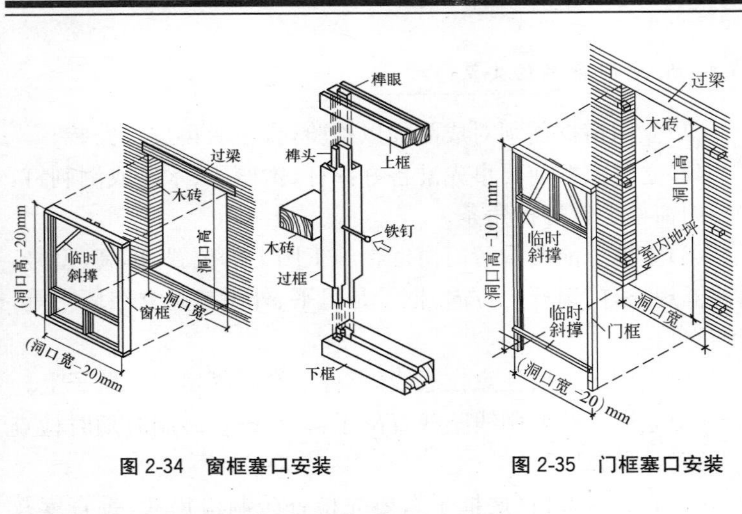

图 2-34　窗框塞口安装　　　图 2-35　门框塞口安装

(4)门窗框与墙体的接缝处理。

门窗框可以在墙内居中设置,也可沿墙一侧设置(窗框不宜沿外墙外侧设置)。居中设置时简单、经济,沿一侧设置则需加贴脸板及至筒子板,构造复杂,造价颇高。

门窗框与墙体的接缝处理见图 2-36。

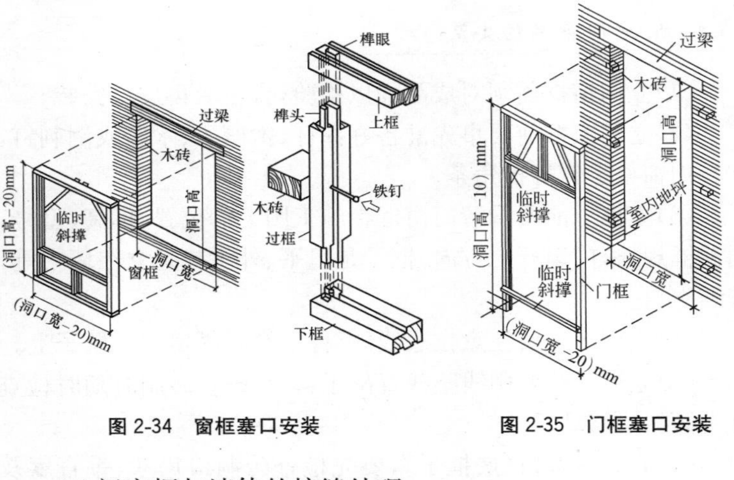

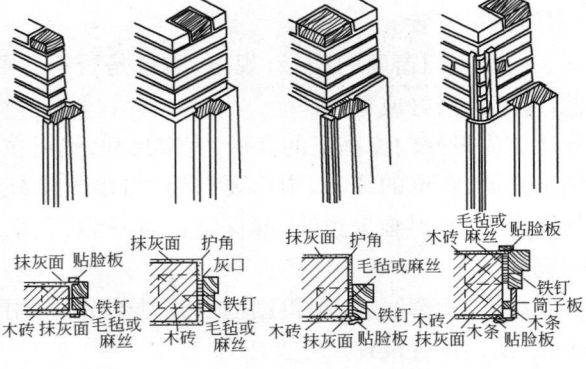

图 2-36　门窗框与墙体的接缝处理

6. 木门窗扇的安装

(1)立门窗框前须对成品加以检验,合格后再进行安装。

(2)立门窗框前要事先准备好撑杆、木橛子、木砖或倒刺钉,并在门窗框上钉好护角条。

(3)立框子前要看清门窗框在施工图上的位置、标高、型号,门窗框规格,门扇开启方向,框子是里平、外平或是立在墙中等,按图立口。

(4)立框子时要注意拉通线,撑杆下端要固定在木橛子上。

(5)立框子时要用线坠找直吊正,并在砌筑砖墙时随时检查有否倾斜或移动。

(6)如为后塞口(嵌框子),要先检查砖洞口尺寸、垂直度及木砖数量,如有问题,应事先修理好。如为多层建筑,则门窗在墙中的位置应在一直线上。横竖均拉通线。里平口者应留出灰口。如预埋木砖不够时,应内外面用楔子对称挤紧。

7. 门窗小五金及玻璃的安装

(1)木门窗扇安装。

①安装前检查门窗扇的型号、规格、质量是否符合要求,如发现问题,应事先修好或更换。

②安装前先量好门窗框子的高低、宽窄尺寸,然后在相应的扇边上画出高低、宽窄的线,双扇门要打叠(自由门除外),先在中间缝处画出中线,再画出边线,并保证梃宽一致,上下冒头也要画线刨直。

③画好高低、宽窄线后,用粗刨刨去线外部分,再用细刨刨至光滑平直,使其符合设计尺寸要求。

④将扇放入框子中试装合格后,按扇高的 1/10～1/8 在框

子上按合页大小画线，并剔出合页槽，槽深一定要与合页厚度相适应，槽底要平。

(2)玻璃安装。

一般在门窗框、扇校正完毕，五金安装完后以及框、扇最后一道涂料前安装玻璃。

①安装玻璃前，应将企口内的污垢清除干净，并沿企口的全长均匀涂抹1～3mm厚底灰，并推压平板玻璃至油灰溢出为止。

②木框、扇玻璃安好后，用钉子或钉木条固定，钉距不得大于 300mm，且每边不少于两颗钉子。

③如用油灰固定，应再铺上油灰，且沿企口填实抹光，使和原来铺的油灰成为一体。油灰面沿玻璃企口切平，并用刮刀抹光油灰面。油灰面通常要经过 7 天以上干燥，才能涂装，见图2-37。

如用木压条固定，木压条应先涂干性油。压条安装前，把先铺的油灰充分抹进去，使其下无缝隙，再用钉或木螺钉、小螺钉把压条固定，注意不要将玻璃压得过紧，见图 2-38。

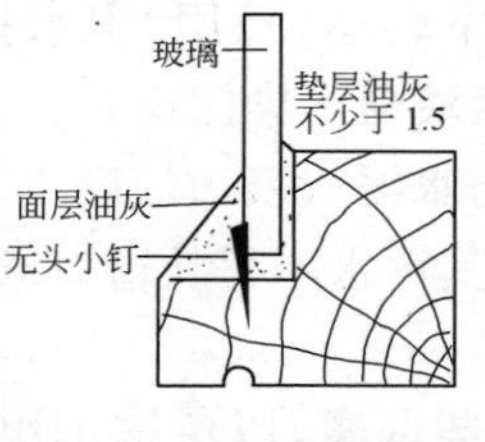

图 2-37　用油灰安装

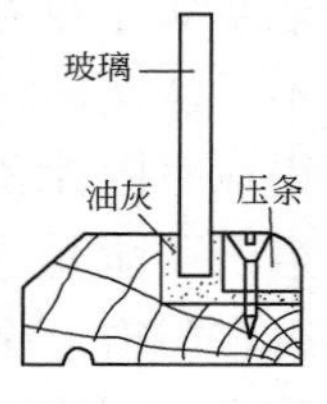

图 2-38　用木压条安装

④拼装彩色玻璃、压花玻璃时，应符合设计且拼缝要吻合，不得错位。

⑤冬季施工，从寒冷处运到暖和处的玻璃应在其变暖后方可安装。

8. 成品保护

(1)防污染。

①门窗应采用预留洞口方式,门窗框安装应安排在地面、墙面湿作业完成之后。

②无保护胶带的门窗框,抹门窗套水泥砂浆时,门窗框上应贴纸或用塑料薄膜遮盖保护,以防框子被水泥浆污染。亦可采取先粉刷门窗套后安装门窗框等措施。

③窗框四周嵌防水密封胶时,操作应仔细,油膏不得污染窗框。

④外墙面涂刷和室内顶棚、墙面喷涂时,应用塑料薄膜封严门窗。

⑤内墙面裱糊作业,胶粘剂切勿涂刷到门窗上。

⑥室内建筑垃圾,应从垃圾通道或装入盛灰容器内向下转运,不得从门窗口向外倾倒。

⑦楼地面和楼梯间水磨石,应采用“细水浓浆”工法,再用胶皮刮板把浓浆集中堆存,稍干燥后向下转运,忌用“深水扫浆”法。浆液不得从楼梯间直接向下扫,浆液易污染门窗。

⑧不得在室内拌和水泥砂浆,以防水泥灰喷污门窗。

⑨管道试压泄漏,室内地坪清洗,其污水不得从窗口倾倒。

⑩不得在门窗上涂写。

⑪冬施期间,不应在室内燃烧木柴取暖,以免浓烟熏黑门窗;亦不得在室内生炉火做饭,以免煤烟污染门窗。

(2)防撞击、划痕。

①门窗框铁脚与预埋铁件焊接,不得在门窗上打火烧伤门窗框。

②利用门窗洞作为料具进出口时,门窗边框、窗下框和中竖框均应用木板钉保护框,以防碰伤框边。

③搭、拆、转运脚手杆和跳板，其材料不得在门窗框扇上拖拽。安装管线及设备，应防止物料撞坏门窗。

④不得在门窗框扇上拉挂安全网；内外脚手杆不得搁置在门窗框扇上；严禁在窗扇上站人。

⑤门窗扇安装后，随即安装五金配件，关窗锁门，以防风吹损坏门窗。如门扇未装锁，钢(含塑料)窗扇未装撑挡，则应用木楔塞紧以防开启，并有专人管理。

⑥不得在门上锤击、钉钉子或刻画。清洁门窗时，不得有刀刮或硬物擦磨。

⑦嵌玻璃压条不得划伤框面，用胶液后随手擦净。

四、楼地面工程

1. 木地板楼地面施工

木质板楼地面即木地板，是用优质木板做面层，经过刨光、油饰和打蜡而成。具有弹性好、脚感舒适、热导性能小、表面光洁、纹理美观、绝缘性能好等特点。

对于木质楼地面工程而言，应着重选择面层和面层下的基层做法，木板面层铺设有单层，双层之分：单层是将木板条直接固定于搁栅上，或直接粘在基面上；双层则是先铺一层毛地板，其上再铺一层木地板，具体构造做法详见表 2-5。

表 2-5　面层构造做法

序号	名称	简　图	说　明
1	条形地板	楼板 小搁栅 石灰煤屑 钢筋混凝土楼板 粉刷	木地板顺长条方向铺钉，厚度为 20～25mm，用软木时宽 100～150mm，用硬木时宽 40～60mm，一般采用企口缝。铺钉时材心向上，先用铁扒钉、木楔排紧板缝，再钉圆钉。搭接缝错开

续表

序号	名称	简 图	说 明
2	人字纹地板		将硬木加工成较窄、短的小条。然后按相邻的两行各从不同的方向倾斜45°铺钉
3	席纹地板		将硬木加工成长、宽为一定倍数的小木条，按纵、横方向分成小块铺钉，小块成方形，在平面上与前、后、左、右相邻方块木纹方向垂直
4	斜方块纹地板		将用小木条拼成的方块按45°倾斜铺订，并与四周板块木条方向垂直
5	拼花地板镶边		拼花地板倘在拼花纹时尺寸稍有出入，可在镶边处适当调整

基层做法根据铺设方式不同有实铺式、空铺式、粘贴式三种。实铺式主要用于混凝土垫层上或楼板内预埋锚固件固定在木搁栅上的楼地面；空铺式主要用于建筑物的首层地面，用于地面下有设备管道维修，需有敷设空间；粘贴式不用搁栅，直接用胶粘剂将板条粘在基层上，构造做法详见表2-6。

表 2-6　基层铺设方式具体构造做法

序号	类别	名称	简图	说明
1	空铺木地板	有地垄墙空铺木地板	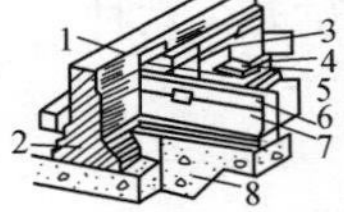 1—墙身；2—砖基础；3—通风洞；4—搁栅；5—沿缘木；6—防潮层；7—地垄墙；8—碎砖三合土	由地垄墙、沿缘木、搁栅、木板面层和剪刀撑等组成，搁栅间距 400mm，地垄墙间距 1800mm
2	空铺木地板	无地垄墙空铺木地板	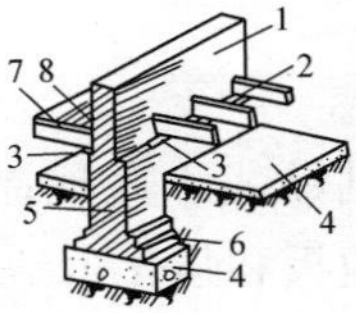 1—墙身；2—搁栅；3—沿缘木；4—碎砖三合土；5—墙基；6—大放脚；7—木地板；8—踢脚板	搁栅支承在墙身错台上的沿缘木上，搁栅中间加剪刀撑或水平撑撑牢，地面上满铺碎砖三合土，防止基础潮气上升
3	空铺木地板	有砖墩空铺木地板	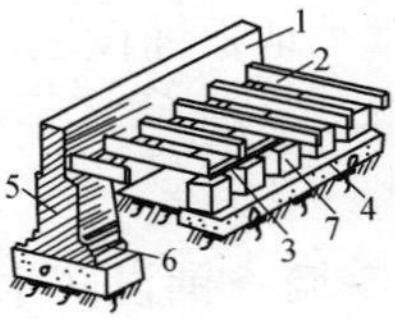 1—墙身；2—搁栅；3—沿缘木；4—碎砖三合土；5—墙脚；6—大放脚；7—砖墩	与地垄墙空铺木地板的差别是用砖墩代替地垄墙。搁置搁栅，即搁栅的一端在墙身上，另一端在砖沿缘木上
4	实铺木地板		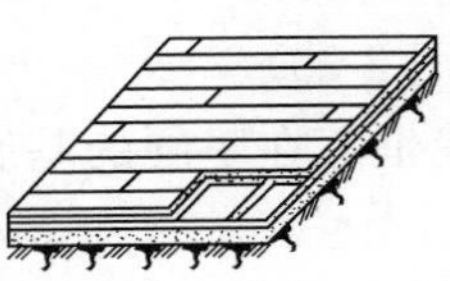	在夯实的素土上铺碎石一层，上层浇筑 70～100mm 厚混凝土，铺油毡一道，安设搁栅，中距 400mm，并用石灰煤屑等填平

实铺式木质板楼地面构造做法用于地面或楼面做法，而空铺式木质板楼地面构造做法，由于用木料较多，只有在必须的情况下方可选用。粘贴式木质板楼地面构造做法与前两者相比，节省木料，成本低，施工方便，维修容易，外观效果相同，虽弹性

稍差,但选用这种做法的工程日趋增多。当然,采用何种方式铺设,选择何种面层,还应根据施工对象、设计要求、经济条件等因素决定。目前,常用的铺设方法有六种:

(1)直接粘结法。

(2)悬浮铺设法。

(3)不用胶接悬浮铺设法。

(4)毛地板垫底法。

(5)龙骨铺设法。

(6)龙骨毛地板铺设法。

实铺式木质地板面和粘贴式木质地面,采用的施工方法是直接粘结法。对于复合木地板和强化木地板采用的是悬浮铺设法。凡是能采用以上两种铺设方法的地面均能采用毛地板垫底法铺设。空铺式木质地板采用的是龙骨铺设法,体育馆的比赛场地木地板的铺设采用龙骨毛地板铺设法。

2. 空铺式木地板

(1)工艺流程。砌筑地垄墙→铺设防水层→放置垫块→钉制木搁栅→加强剪刀撑→铺设毛地板→加铺防潮消声层→镶铺面层地板→打磨、油漆、上蜡。

(2)空铺式木地板构造(图 2-39)。

(3)地垄墙砌筑。地垄墙坐落在坚硬的基底上。地垄墙一般采用红砖、水泥砂浆砌筑。

地垄墙的厚度和砌筑高度应符合设计要求;垄墙越墙之间距离一般不宜大于 2 m。砖墩布置要同木搁栅的布置一致,如木搁栅一般间距 500mm,则砖墩间地应 500mm。若砖墩尺寸偏大,墩与墩之间距离较小,密时可将其连在一起变成垄墙。

地垄墙(或砖墩)标高应符合设计标高,必要时可于顶面抹水泥砂浆或豆石混凝土找平。

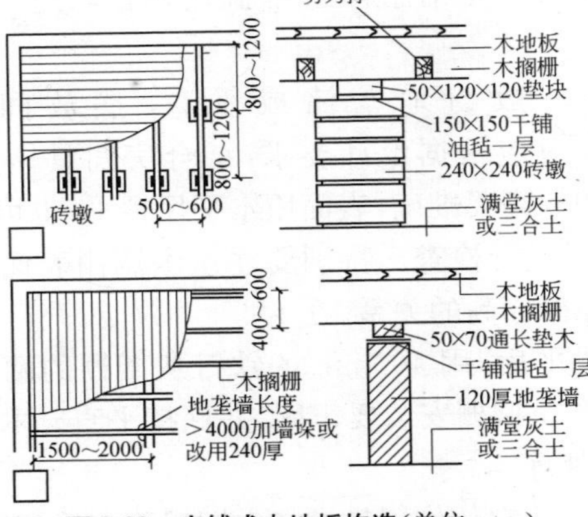

图 2-39　空铺式木地板构造(单位:mm)

(4)空铺式架空层同外部及每道架空层间的隔墙、地垄墙、暖气沟墙,均要设通风孔洞。在砌筑时将通风孔留出。尺寸一般为 120mm×120mm。外墙每隔3~5 m预留不小于 180mm×180mm 的通风孔洞,外面安箅子,下匹标高距室外地墙不小于 200mm。

如果空间较大,要在地垄墙内穿插通行,要在地垄设750mm×750mm 的过人孔洞。

(5)垫木。从安全考虑在地垄墙(或砖墩)与搁栅之间,一般用垫木连接,将搁栅传来的荷载,通过垫木传到地垄墙或砖墩上。垫木使用前应进行防火防腐处理,垫木的厚度一般为50mm,可锯成一段,直接铺放搁栅底下,也可沿地垄墙通长布置。若通长布置,绑扎固定的间距应不超过 300mm,接头采用平接。在两根接头处,绑扎的铅丝应分别在接头处的两端150mm 以内进行绑扎,以防接头处松动。

(6)木搁栅。木搁栅的作用是固定与承托面层,木搁栅断面积大小依地垄墙(或砖墩)的间距大小而定。间距大木搁栅跨度大,断面尺寸大。无论怎样选木搁栅断面尺寸,应符合设计要求。

木搁栅一般与地垄墙成垂直,摆放间距一般为500～600mm,并应根据设计要求,结合房间具体尺寸均匀布置。木搁栅的标高要准确,表面用水平尺抄平,也可以根据房间500mm标准线进行检查。特别要注意木搁栅表面标高与门扇下沿及其他地面标高的关系。

木搁栅找平后,用100mm的铁钉从搁栅的两侧中部斜向45°与垫木钉牢。搁栅安装要牢固,并保持平直。木搁栅表面要做防火、防腐处理。

(7)剪刀撑。它的作用是增加木搁栅侧向稳定性,增加楼地面的整体刚度,减少搁栅本身变形,剪刀撑布置在木搁栅两侧面,用75mm铁钉固定在木搁栅上。其间距应符合设计要求。

(8)毛地板。双层木地板的下层称毛地板,毛地板是使用松木板、杉木板等针叶木,其宽度不大于120mm,铺前必须先把毛地板下空间内的杂物清除。

面层若是铺条形地板,毛地板应与木搁栅呈30°角或45°角斜向铺钉,木板的材心应朝上,边材应朝下铺钉,板面刨平,板缝一般为2～3mm,相邻接缝应错开,毛地板和墙之间应留10～20mm的缝隙。

毛地板固定用板厚2.5倍的圆钉,每端钉两个。

(9)弹施工控制线。为了保证地板按照预定的角度铺钉,一般用施工控制线来控制。图2-40即为地板的施工控制线的平面图。

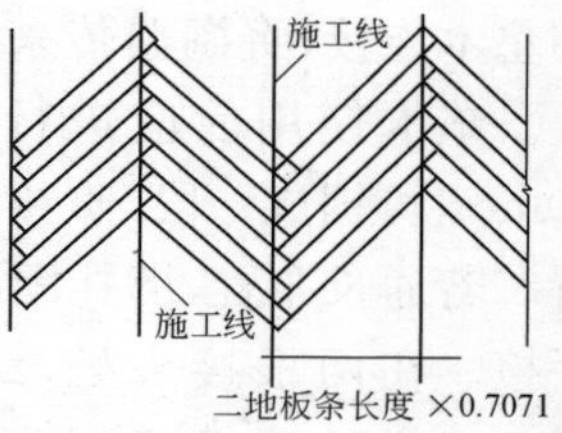

图2-40 地板施工平面图

①弹出房间的纵横中心线和镶边线。见图 2-41，图中 d 为房间镶边宽度。

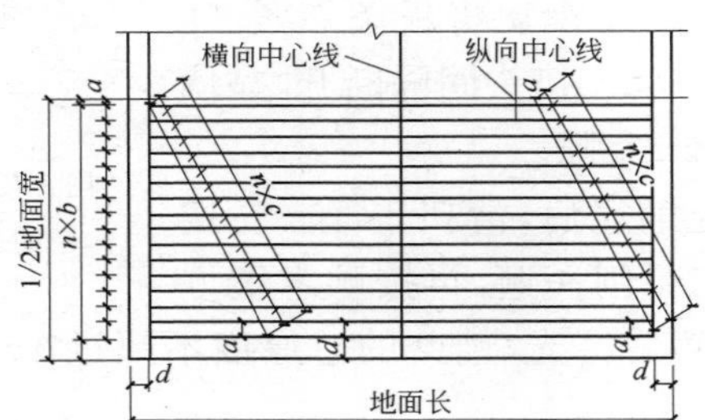

图 2-41　施工线布置图

②在纵向中心线的两侧弹出起始施工线，其间距为事先计算所得的起始施工线间距 a。

③在起始施工线的左右一次弹出施工线间距为 b。为了保证弹线的精度，避免产生累计误差，弹施工线时可采“斜—整数等分法”。

如设计要求面层地板下需铺油毡，而不便弹线时可采用挂线的方法代替弹线。

(10)铺油毡防潮、消声层一道。

(11)铺钉长条地板。

①毛地板清扫干净后，弹直条铺钉线。

②由中间向四边铺钉(小房间可从门口开始)。

③先跟线铺钉一条作标准，检验合格后，顺次向前展开用长度为板厚 2.5 倍的钉子从凹槽边倾斜 45°角或 60°角钉入毛地板上。钉帽砸扁冲入板内3～5mm，钉子不露，钉到最后一块，可用明钉钉牢。

④采用硬木长条地板时，铺钉前应先钻孔，孔径为钉径的

0.7～0.8 倍。

⑤为使缝隙严密顺直，在铺的板条近处钉铁扒钉或用楔块将板条靠紧，使之顺直，见图 2-42。接头间隔断开，靠墙端留 10～20mm 空隙。

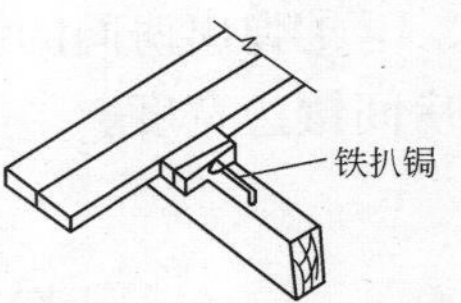

图 2-42 钉铁扒钉铺长条地板

⑥企口板铺完后，清扫干净。先按垂直木纹方向粗刨一遍，再按顺木纹方向细刨一遍，然后磨光，刨磨的总厚度不超过 1.5mm，并应无刨痕。

⑦刨磨的木地板面层在室内喷浆或贴墙纸时，应采取防潮、防污染的保护措施，进行覆盖。

⑧油漆和上蜡，应待室内一切施工完毕后进行。

(12)铺钉拼花木地板。

拼花地板常用方格式、席纹式、人字式和阶梯式等，见图 2-43。

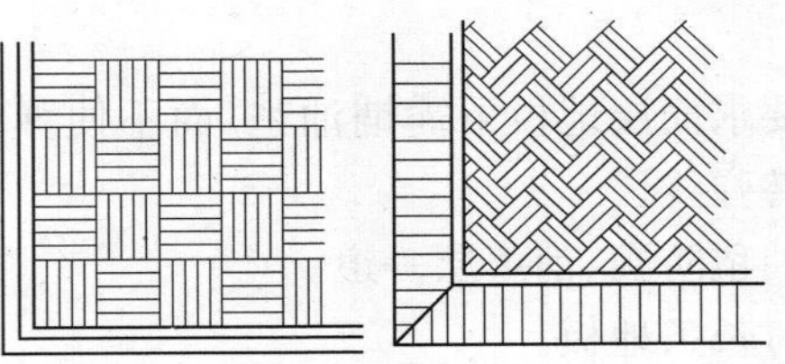

图 2-43 拼花木地板样式

①毛地板清扫干净后，根据拼花形式，在地板房间中央弹出两条相互垂直的中心十字线或 45°角斜交线，按拼花大小标出块数进行预排。

②预排合格后确定镶边宽度(一房间大小或材料的尺寸，一般 300mm 左右)，然后弹出分档施工控制线和镶边线，并在拼花

地板线上沿长向拉通线，钉出木标准条。

③铺拼花木地板面层，应从房间中央开始向四周铺钉。人字纹木地板第一块的铺设是保证整个地板质量的关键，见图 2-44。

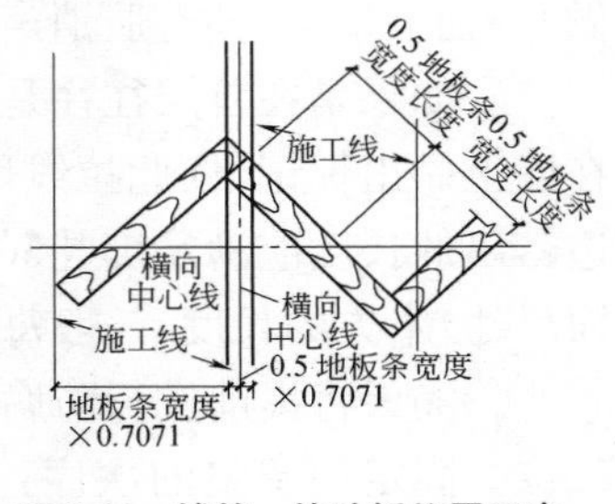

图 2-44　铺第一块地板位置示意

④铺钉时硬木拼花板条先钻好斜孔，孔大小为圆钉直径的0.7～0.8倍。然后用板厚 2.5 倍长的钉子两颗，穿过预先钻好的斜孔，钉入毛地板板内。

⑤标准板铺好并检验合格后，按弹好的档距画施工控制线，边铺油毡，边顺次向四周铺钉，最后圈边。

⑥钉镶边条：镶边条应采用直条骑缝铺钉，拼角处宜采用45°交接。当室内外面层材料不同时，门口处的镶边条应铺到门扇的位置的外口，使门扇关闭后看不到木地板。镶边宽度不满足镶边的正倍数时，不得采取扩大缝隙的办法，而应按实际缝隙的大小锯割镶边，锯割口一边应靠墙钉。圈边地板仍要做成榫接，末尾不能榫接的地板，要用胶粘钉牢。

⑦地板刨光：拼花木地板宜采用地板刨光机（或手提电刨）先粗刨，然后净光，打磨、油漆、上蜡。

3. 实铺式木地板

实铺有两种情况。一是将木搁栅直接固定在基底上，二是将拼花地板块直接铺贴在平整光滑的混凝土或水泥地面上。即加搁栅和不加搁栅两种。这两种方法当前对室内装饰木质地面都多被采用。

（1）加搁栅做法。

①工艺流程:埋放铅丝→安放搁栅→放置清体填充物(可不做)→铺毛地板→防潮、消声层→面层地板→打磨、油漆、上蜡。

②如果是在首层往往是在地面打混凝土时按放搁栅的位置在墙上做出标记,依此拉线埋放 8 号或 10 号铅丝,并呈 U 形两边露出的长度应满足绑扎50mm×70mm(可依空间放小搁栅截面尺寸)木方的长度,一般每边留200mm左右。

③隔天将提前进行防腐、防火处理过的木搁栅依设计位置就位。固定和调整的次序:先将房间两边两根木搁栅调平、调直,用铅丝绑扎牢固作为其余搁栅的标志。而后,依这两根标志拉线,小线应离搁栅上表面 1mm,其余搁栅按设计位置和拉线标高绑扎固定,高低调整时,上表面以线为据,下部不平处可用背向木楔垫平,全部调好后用细石混凝土在搁栅下 1/3 处抹小八字(或采用木搁栅间用木拉撑固定木搁栅,并将背向楔用钉子与木搁栅固定的方法)。搁栅在绑扎铅丝处上表面应刻槽使铅丝嵌入,以免造成搁栅表面不平。

④为了保温和搁声效果可在搁栅内填焦渣类的填充物。若追求木地板本来的弹性效果,搁栅之间应保留空(可为空铺式)。

⑤面层做法可参考空铺木地板的方法,即毛地板—油毡—面层地板—镶边—木踢脚—打磨、油漆、上蜡。构造层见图 2-45。

(2)不加搁栅做法。

①水泥地面拼花木地板胶粘法胶粘法木地板施工一般是在标准层以上楼层使用,适应不潮湿的环境,其施工操作比较简单。其为在抹好(平整度经检查符合要求)且已干燥透的水泥砂浆地面上经打磨清扫干净后,用水重 30%的水泥 108 胶或水重 15%的水泥乳液腻子分两遍找平(如地面比较平整可省去此工序),干燥后用 1 号砂纸打磨平整,用潮布擦干净。

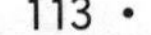

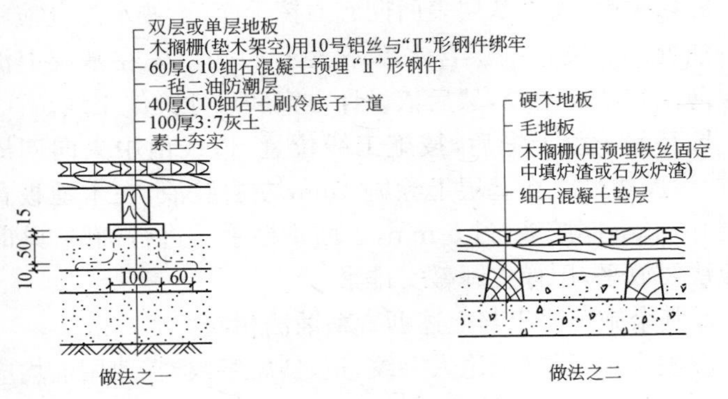

图 2-45　实铺式木地板构造层示意(单位:mm)

干透后在上面弹施工线,依线用白乳胶中略加水泥的水泥乳液胶打点粘结(在地板条之间应满涂),逐块粘铺。

所有的地板条粘铺完成以后的工作如镶边、镶梯脚板打蜡工序可同前。

②水泥地面拼花木地板沥青玛琋脂粘贴法。

用沥青玛琋脂粘贴拼花木地板块,应先将基层清扫干净,涂刷一层冷底子油。涂刷得要薄且均匀,不得有空白麻点及气泡,待一昼夜后,再用热沥青玛琋脂随涂随铺。

粘贴时要在木地板和基层上两面涂刷沥青,基层涂刷沥青厚度一般为2mm,木地板呈水平状态就位同时,用木块顶紧,将木地板排严。

铺贴时溢出表面的热沥青应及时刮去并擦干,结合层凝固后,进行刨平磨光,刨削厚度不大于 1mm,一般每次刨削厚度为0.3mm。刨平后拆去四边的顶紧块,进行木地板收边。

③木地板胶粘剂铺贴法。木地板的胶粘剂法可用环氧树脂胶、万能胶、木地板胶水铺贴的方法。

a. 粘贴前，先将基层表面彻底清擦干净（可按水泥乳液粘贴的方法处理底层），基层含水率不大于 15%。先在基层上涂刷一层薄而匀的底子胶，然后依设计方案和尺寸弹施工线。

b. 待底子胶干燥后，按施工线位置，依线由中央向四周铺贴，边涂胶边贴。在基层上涂刷 1mm 左右胶液，在木地板背面涂刷 0.5mm 厚胶液，过 5 min，表面不粘手后进行铺贴，贴时木地板块要放平，用橡皮锤敲实排紧。

c. 其余施工要求与上述沥青粘铺法相同。

d. 硬木地板块（无论人字纹，正、斜席字纹）在使用前均应选料。方法是选颜色花纹相近的，用在一起颜色花纹有误差的应放在另外的房间，如无条件可采用渐变的方法减小混乱感且要经刨方处理。方法是：每一地板条都要规方，而后将花纹颜色相近的若干块拼在一起（条数以呈方为准），用带胶的纸条或胶带粘在一起，再次规方。且在此前应在板条底面抄清油一道，以防板条变形。

e. 木地板镶贴后在常温下保养 2～3 天即可进行刨平，用手提电刨，刨削方向应同板条成 45°角斜刨，刨子不宜走得太快，吃刀量不宜过大，最大吃刀量厚度不宜超过 0.5mm。以加工面无刨痕为宜。

f. 木地板刨平后，应用电动磨光机磨光，第一遍粗砂用 3 号砂纸，第二遍磨光用 0～1 号砂纸。

g. 而后刮腻子（清油地板或木质档次较高的可不用腻子，以体现木材档次和木纹）→油漆→上蜡。

(3) 拼花木地板铺设。

①拼花木地板面层是用加工好的成品铺钉于毛地板上，或是用沥青玛琋脂胶结料（或其他胶粘剂）粘贴于水泥地面（基层）上，见图 2-46。

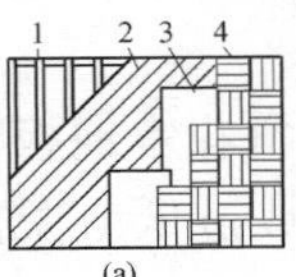

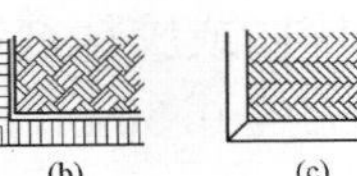

图 2-46　拼花木地板示意图

(a)拼花木地板构造层次；(b)斜方格纹；(c)人字纹

1—搁栅；2—毛地板；3—油纸；4—正方格纹硬木板面层

②拼花木地板面层图案、树种、规格应符合设计要求选用。如设计无要求时应选用硬木材质如：水曲柳、核桃木、柳桉等质地优良，不易腐朽、开裂的木材，做成企口、截口或平头接缝的拼花木地板。

③在毛地板上的拼花木板应铺钉紧密，所用钉长度应为面层板厚的2～2.5倍，从侧面斜向钉入毛地板中，钉头不应露出。拼花木地板的长度不大于300mm时，侧面应钉两个钉；长度大于 300mm 时，应钉三个钉。顶端均应钉一个钉。

④拼花木地板预制成块，所用的胶应为防水和防菌的。接缝处应仔细对齐，胶合紧密，缝隙不应大于 0.2mm，外形尺寸准确，表面平整。

预制成块的拼花木地板铺钉在毛地板或木格条上，以企口互相连结，铺钉的要求应同前述。

⑤用沥青玛琋脂铺贴拼花木地板，其基层应平整洁净、干燥，并预先涂刷一层冷底子油，然后用热沥青玛琋脂随涂随铺，其厚度一般为 2mm。铺贴时，木板背面亦应涂刷一层薄匀的沥青玛琋脂。

⑥用胶粘剂粘贴拼花木地板，通常选用 903 胶、925 胶、万能胶、环氧树脂等，铺贴时，板块间的缝隙宽度以小于 0.5mm 为宜，板与结合层间不得有空鼓现象，板面应平整。铺完后 1～2

天即应油漆、打蜡。

⑦用沥青玛瑶脂或胶粘剂铺贴拼花木地板时，其相邻两块的高度差不应超过±0.5mm，过高或过低应予修整。铺贴时，沥青玛瑶脂或胶粘剂应避免溢出表面，如有应随即刮去。

⑧拼花木板条面层的缝隙不应大于0.3mm。面层与墙之间的缝隙，应以踢脚板或踢脚条封盖。

⑨拼花木板表面应予刨（磨）光，所刨去的总厚不大于1.5mm，并应无刨痕。铺贴的拼花木地板面层，应待沥青玛瑶脂或胶粘剂凝结硬固后，方可刨（磨）光。

⑩拼花木地板面层的踢脚板或踢脚板压条等，应在面板刨（磨）光后再进行安装。

4. 粘贴式木地板

(1)主要材料。地板条多用柞木、核桃木等材质坚硬、耐磨、耐腐、不易变形的木材加工，板条一般加工成企口、裁口或平口，见图2-47。

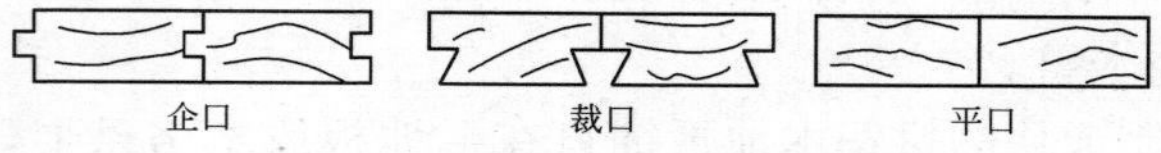

图2-47　木地板条接缝

板条一般长125～240mm，宽35～50mm，厚10～20mm，板条的含水率根据当地环境不同而定。

胶粘剂：常用XY401、沥青胶结料，也可选用经过技术鉴定，有产品合格证的产品。但施工前，应通过试验确定其粘结性能。对超过生产期三个月的产品，施工前应取样检验，合格后方可使用。过保质期的产品，不得使用。

(2)常用工具。准备木工作业所用的机具,见实铺式木质板楼地面的施工准备中的相关内容。准备粘贴工具,如橡皮刮板、像皮锤、盛胶粘剂用的大、小桶等。

(3)作业条件。

①外门窗及玻璃安装完。

②室内湿作业已经完,墙面抹灰达到八成干。

③水暖、电气管线安装完。

④按 50 cm 标准线弹出踢脚板上口水平线,以此控制地板标高。

⑤砖墙面预埋好防腐木砖,便于安装踢脚板。

⑥对进场的地板条进行挑选,有节疤、翘裂、腐朽,规格不一,色差较大的挑出,经加工后备用,并预拼合缝找方。

⑦做样板间,检验铺贴质量。若发现木板含水率过大,或者胶粘剂粘结性能差,必须予以更换。

⑧操作温度宜在 5℃以上,具体温度要求视粘结材料来定。

(4)施工工艺及操作要点。

①工艺流程:基层清理→设标高、弹线→粘贴木板条→刨平、刨光→磨光→油漆、打蜡→检查合格。

粘贴式木板面层施工,应在吊顶、内墙面施工结束,门窗、玻璃全部安装完,水、电、暖等管道安装结束后进行。

②基层清理:将表面灰尘、油污、落灰等杂物清理干净。用 2 m 靠尺和楔形塞尺检查基层表面,偏差值不得大于 3mm。对超差的部位,高的要铲平,低的应用 108 胶水泥砂浆补平。清理、检查基面后,用软布擦拭表面,并晾干。基面施工前的含水率不得大于 8%。

③按房间净尺寸弹十字中心线,并根据设计拼花形式,弹 45°斜交线。

根据拼花木板条规格将其拼为方块，按房间净尺寸和拼花方块尺寸计算方块数，并以此确定圈边宽度。在方格形拼花图案计算时，若拼花方块数为单数，则地板中心线与拼花方块中心重合；若板块数为双数，则地板中心线与中间四块拼花方块的拼缝重合。根据计算结果，弹出分档施工控制线和圈边线，圈边线一般为 300mm。

铺粘木板块，一般从房间中心控制线向四周铺粘，最后铺粘圈边。根据采用的胶粘剂不同，采用不同的涂刷方式。使用 401 胶粘剂时，应在基面和地板条背面同时涂刷胶料，待手摸不粘，但又能有点粘性时，即可按控制线铺粘。粘后可用橡胶锤轻轻击打。使用沥青胶结料时，应先在基面上刷一层冷底子油，然后用沥青胶结料在基面和地板条背面同时涂刷胶料，厚度宜在 2～3mm，随涂刷随铺粘。

④粘贴地板条，板缝应严密，缝隙不宜大于 0.3mm，接缝高低差不大于1mm，随铺随检。对溢出的胶粘剂，应随手清理干净。对裁口缝的地板条，铺粘时，要在侧边槽口中加嵌榫。一般尺寸木地板加两只嵌榫，当地板条长度大于 300mm 时，则应加三只嵌榫。铺粘至圈边，应根据圈边弹线，预铺最后一方，根据具体尺寸和角度，截割木板条，然后再铺粘。圈边的铺粘方法与板条相同。圈边与墙之间应留 10～20mm 的间隙。

⑤铺粘完工，待胶粘剂达到规定强度后，进行刨平、刨光、磨光，最后进行油漆、打蜡工序。刨光时，应用转速为 5000 r/min 以上的刨地板机与木纹成 45°角斜刨。刨时不宜走得太快，停机时，应先将刨机提起，再关开关。刨平后，应仔细检查平整度。检查合格，方可用地板打磨机磨光。所用砂布应先粗后细，磨光机与木纹成 45°角斜磨打光。

⑥面层磨光后，清除表面的粉屑，进行油漆、上蜡工序。油

漆、上蜡方法与实铺式木板面层相同。

5. 地毯

(1)固定式(满铺)地毯铺设。

①固定式(满铺)地毯构造见图 2-48。

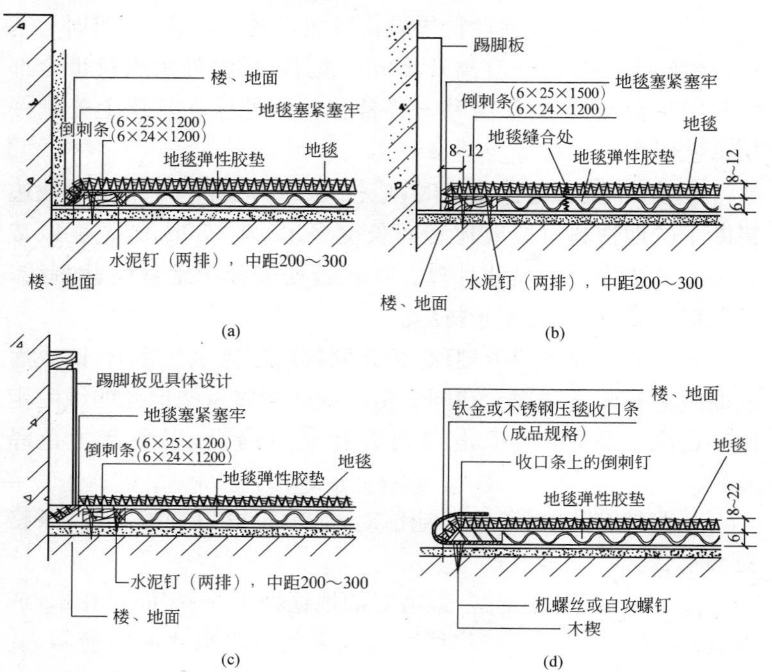

图 2-48 固定式(满铺)地毯构造(单位:mm)

②基层处理:铺设地毯的基层表面应平整、干燥、洁净。平整度用 2m 靠尺检查,最大空隙不应大于 4mm;表层含水率不大于 9%。有落地灰等杂物的应铲除并打扫干净,有油迹等污染的,应用丙酮或松节油擦净。

③钉木(或金属)卡条:木(或金属)卡条应沿地面四周和柱脚的四周嵌钉,板上的小钉倾角应向墙面,板与墙面留有适当空隙,便于地毯掩边。在混凝土、水泥地面上固定采用钢钉,钉距宜300mm左右,如地毯面积较大,宜用双排木(或金属)卡条,便于地毯张紧和固定。

④铺衬垫:铺设弹性衬垫应将胶粒或波形面朝下,四周与木(或金属)卡条相接处宜离开10mm左右,拼缝处用纸胶带全部或局部粘合,防止衬垫滑移。经常移动的地毯在基层上先铺一层纸毡以免造成衬垫与基层粘连。

⑤裁剪地毯:地毯裁剪时,应按地面形状和净尺寸,用裁边机断下的地毯料每段要比房间长度多出20～30mm,宽度以裁去地毯的边缘后的尺寸计算。在拼缝处先弹出地毯的裁割线,切口应顺直整齐,以便于拼缝。

裁剪栽绒或植绒类地毯,相邻两裁口边应呈八字形,铺成后表面绒毛易紧密碰拢。在同一房间或区段内每幅地毯的绒毛走向应选配一致,将绒毛走向朝着背光面铺设,以免产生色泽差异。

裁剪带有花纹、条格的地毯时,必须将缝口处的花纹、条格对准吻合。

⑥铺设地毯:将选配、裁剪好的地毯铺平,一端固定在木(或金属)卡条上,用压毯铲将毯边塞入卡条与踢脚之间的缝隙内。常用两种方法:一种是将地毯的边缘掖到卡条的下端,见图2-49(a);另一种方法是将地毯毛边掖到卡条与踢脚的缝隙内,见图2-49(b)所示,避免毛边外露,影响美观。

铺设地毯时,还应使用张紧器(俗称地毯撑子)将地毯从固定一端向另一端推移张紧,用力应适度,防止用力过大扯破地毯,每张紧一段(约1 m左右),使用钢钉临时固定,推到终端时,将地毯边固定在卡条上。

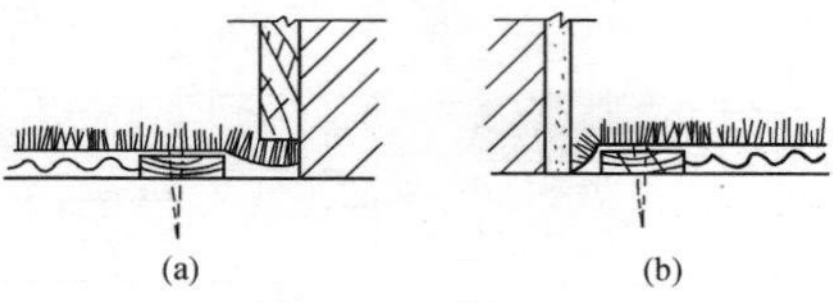

图 2-49　地毯的边缘处理

(a)掖到卡条下端；(b)掖到卡条与踢脚的缝隙内

地毯的接缝一般采用对缝拼接。当铺完一幅地毯后，在拼缝一侧弹通线，作为第二幅地毯铺设张紧的标准线。第二幅经张紧后，在拼缝处花纹、条格达到对齐、吻合、自然后，用钢钉临时固定。

薄型地毯可搭接裁割，在头一幅地毯铺设张紧后，后一幅搭盖头幅30～40mm，在接缝处弹线，将直尺靠线用刀同时裁割两层地毯，扯去多余的边条后，合拢严密，不显拼缝。

接缝粘合：将已经铺设的地毯侧边掀起，在接缝中间放烫带(接缝胶带)，其两端用木(或金属)卡条固定，用电熨斗将烫带的胶质熔化后，趁热用压毯铲将接缝辗平压实，使相邻的两幅连成整体。应掌握好电熨斗烫胶的温度，如温度过低，会使粘结不牢，如温度过高，易损伤烫带。

此外，地毯接缝也可采用缝合的方法，把两幅的边缘缝合连成整体。

⑦毯边收口：地毯铺设后在墙和柱的根部，不同材质地面相接处以及门口等地毯边缘处应做收口固定处理。

墙和柱的根部：将地毯毛边塞进卡条与踢脚板的缝隙内。

不同材料地面相接：如地毯与大理石地面相接处标高近似的，应镶铜条或者用不锈钢条，起到衔接与收口的作用，见图2-50。

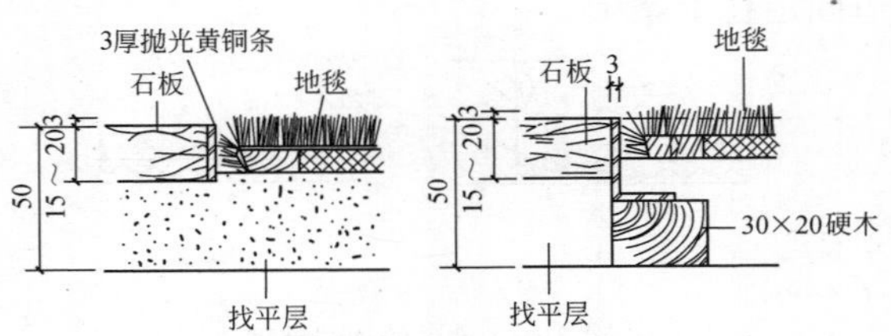

图 2-50　不同材质地面相接处的收口处理(单位:mm)

门口与出入口处:铺地毯的标高与走道、卫生间地面的标高不一致时,在门口处应设收口条。用收口条压住地毯边缘显得整齐美观。地毯毛边如不做收口处理容易被行人踢起,造成卷曲和损坏,有损室内装饰环境。

⑧修整、清理:地毯铺设完成后要全面检查一次,如有飞边现象,应用压毯铲将地毯的飞边塞进卡条与踢脚的空隙内,使毯边不得外露,接缝处有绒毛凸出的,应使用剪刀或电铲修剪平整;临时固定用的钢钉应予拔掉;用软毛扫帚清扫毯面上的杂物,用吸尘器清理毯面上的灰尘。

加强成品保护,在出入口处安放地席或地垫,准备拖鞋,以避免和减少污物、泥砂等带进室内。在人流多的通道、大厅等部位,应铺盖塑料布、苫布等加以保护,以确保施工质量。

⑨采用粘贴方式铺设地毯时,铺设前,应在基层上进行弹线找方,房间靠近门的一边应铺设整块地毯。

铺贴时胶粘剂不需满涂,仅在地毯的四周边角和中间部位作散点状涂刷即可。

(2)活动式(方块)地毯铺设。

①活动式(方块)地毯构造见图 2-51。

②基层清理:基层要求同“固定式地毯铺设”。

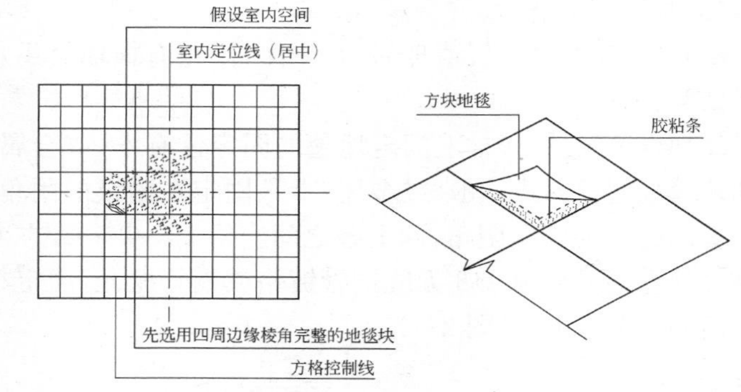

图 2-51　活动式(方块)地毯构造

③弹控制线：根据房间地面的实际尺寸和地毯的实际尺寸，在基层表面弹出铺设控制线，线迹应正确清楚。进门的一侧应铺设整块地毯，不够整块的应铺设于房间的次要一边或放置家具的一边，以提高地面的装饰效果。

④浮铺地毯：按控制线由中间开始向两铺设。铺设前应对地毯块进行挑选，对四周边缘棱角有缺陷的应予剔出，用于地面边角处或不明显处，或裁割后用于非整块处。铺设时应注意一块靠一块挤紧，经使用一段时间后，使块与块密合，不显拼缝。

铺放时，应注意绒毛方向，通常的做法是将一块的绒毛顺光，接着另一块的绒毛逆光，使绒毛方向交错布置，使表面呈现出一块明一块暗，明暗交叉铺设，富有艺术效果。

⑤粘结地毯：在人们活动比较频繁的地面上做活动式地毯铺设时，在基层上宜采用散点式形式涂刷胶粘剂，以增加地毯的稳固性，防止被行人踢起。

地毯铺设完成后，应加强成品保护，保护措施与固定式地毯铺设相同。

(3)楼梯地毯铺设。

①基层清理:将基层清理、打扫干净,阳角有损坏处用水泥砂浆修补完整。

②加设固定件:楼梯上固定地毯的固定件有木(或金属)卡条和地毯棍两种形式。木(或金属)卡条固定在踏级的阴角处,卡条上的钉子要朝向阴角,两卡条之间应留 15～20mm 左右的空隙。地毯棍可采用 $\phi18$ 无缝钢管镀铬或铜管抛光,固定在踏级阴角的踏级板上,见图 2-52。

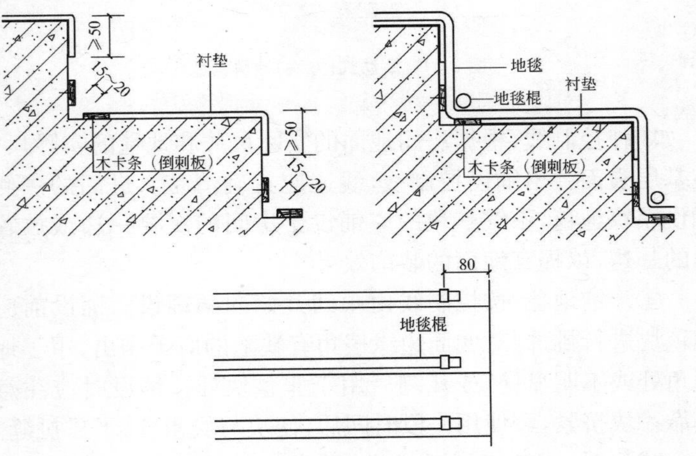

图 2-52　S 楼梯地毯的铺装做法

铺设地毯的楼梯踏级,在做水泥砂浆面层粉刷时,宜将踏级的踢板适当做向里倾斜,预制水泥混凝土踏级和木楼梯踏级,宜做钩脚(即踏级阳角边缘凸出一部分)处理。使行人上下楼梯时,有一个较宽松的感觉。

③铺贴衬垫:弹性衬垫铺贴在踏脚板上,其宽度应超过踏脚板 50mm 以上做包角用,见图 2-53。

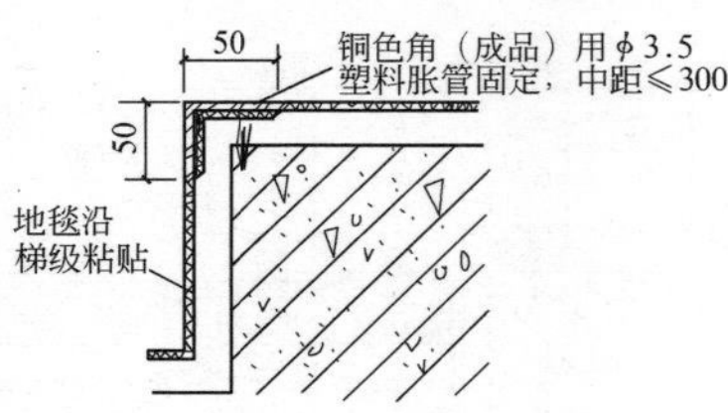

图 2-53　踏级粘贴地毯加压条(单位:mm)

④铺设地毯:地毯铺设从每个楼梯的最高一级铺起,由上而下逐级进行。起始的接头留在顶级平台适当位置钉牢,在每个梯级的阴角处将地毯绷紧与卡条嵌挂,或者穿过地毯棍。

地毯长度按照踏级的高度与宽度之和乘以楼梯级数所得尺寸,如考虑地毯使用后需转换易磨损部位时,宜再加长 300～400mm 作预留量。

待铺至最后阶梯时,将地毯的预留量向内折叠钉在底级的踢板上,以便日后转移地毯的磨损部位。

⑤钉防滑条:在踏级阳角边缘安装防滑条,防滑条宜用不锈钢膨胀螺钉固定,钉距 150～300mm,以稳固不松动为宜。

地毯如采用胶粘剂沿梯级粘贴时,在踏级的阳角上应设加压条,压条宜采用铜包角(成品),用 ϕ3.5mm 塑料胀管固定,中距不大于 300mm,见图 2-53。

楼梯由于是上下交通的主要通道,故地毯应在工程临交工前铺设,铺设后应注意加强成品保护,防止污染和损坏。

(4)地毯门垫安装构造。

①地毯门垫安装构造见图 2-54。

②门垫结构材料。

承重架:是坚固的铝合金条架。

连接件:为钢制件,外套 PVC 塑料外壳。

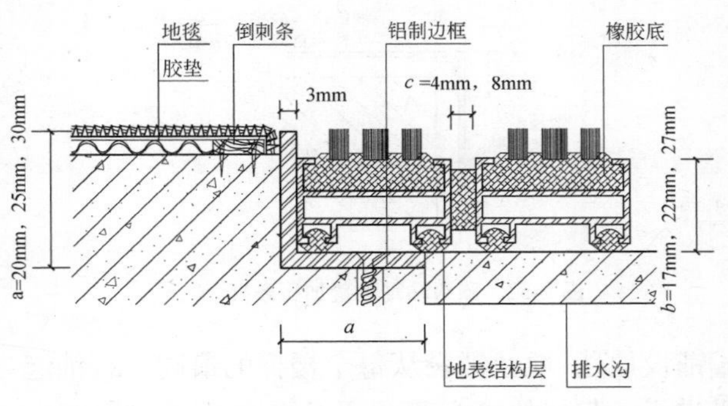

图 2-54　室内及室外地毯门垫安装构造

a—配套边框尺寸；b—门垫高度；c—条缝间距

固定件：带螺钉的螺纹接套。

③门垫表层材料：为粗毛条、簇植硬刷板、铝刮条、黑色橡胶条和毛刷条。

④门垫底层材料：底层装有防噪声的橡胶绝缘条，使门垫被踩踏时无噪声发出。

⑤门垫高度：17mm、22mm、27mm。

⑥条缝间距：4mm、8mm。

⑦门垫表层粗毛条颜色：褐色、浅灰色、混米黄色、混蓝色、混绿色。

⑧铝刮条：专门的刮条被安装在条缝之间（仅适用于垫高为22mm 和27mm，并且缝距为 4mm 的条件下）。

⑨毛刷条：专门的毛刷条被安装在条缝之间（仅适用于垫高为 22mm 和缝距为 4mm、8mm 的条件下）。颜色有：黑色、灰色和蓝色。

⑩簇植硬刷板：灰色和黑色。

⑪使用特征：门垫具有良好的清洁效果和吸湿性能，它不变

形,结实耐用,可卷起易于打扫,为避免门垫绊脚,应与其配套的边框将门垫固定。

⑫材料更新:表层粗毛条、簇植硬刷板和黑色橡胶条在长期使用磨损后是能够被更新的。

五、室内装饰工程

1. 护墙板

护墙板(木墙裙)是一种常用的室内装修,用于人们容易接触的部位。

(1)护墙板安装工序。弹线→检查预埋件→制作安装木龙骨→装订面板。

(2)弹线、检查预埋件。根据施工图上的尺寸,先在墙上画出水平标高,弹出分档线。根据线档在墙上加木橛或预先砌入木砖,木砖(或木橛)位置应符合龙骨分档尺寸。木砖的间距横竖一般不大于 400mm,如木砖位置不适用可补设,见图 2-55。

(3)制作安装木龙骨。全高护墙板根据房间四角和上下龙骨,先找平、找直、按面板分块大小由上到下做好木标筋,然后在空档内根据设计要求钉横竖龙骨。

局部护墙板根据高度和房间大小,做成龙骨架,整片或分片安装。在龙骨与墙之间铺油毡一层防潮。

一般横龙骨间距为 400mm,竖龙骨间距为 500mm。如面板厚度在 10mm 以上时,横龙骨间距可放大到 450mm。

龙骨必须与每一块木砖钉牢。如果没埋木砖,也可用钢钉直接把木龙骨钉入水泥砂浆面层上固定。

当木龙骨钉完,要检查表面平整与立面垂直,阴阳角用方尺套方。调整龙骨表面偏差所垫的木垫块,必须与龙骨钉牢,龙骨安装见图 2-56。如需隔声，中间需填隔声轻质材料。

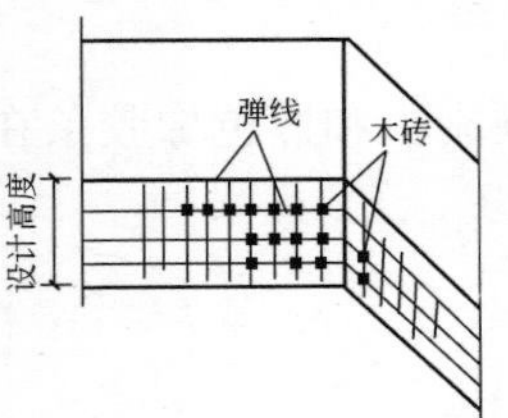

图 2-55 墙面弹线、加木砖

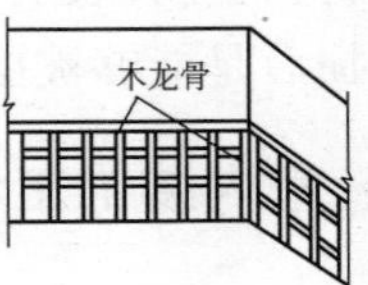

图 2-56 木龙骨的安装

(4)装订面板。面板上如果涂刷清漆显露木纹时，应挑选相同树种及颜色，木纹相近似的用在同一房间里，木纹根部向下、对称、颜色一致、无污染，嵌合严密，分格拉缝均匀一致，顺直光洁；如果面板上涂刷色漆时可不限；木板的年轮凸面应向内放置。

护墙板面层一般竖向分格拉缝以防翘鼓。

面板的固定通常是粘钉结合。做法是在木龙骨上刷胶粘剂，将面板粘在木龙骨上，然后钉小钉(目的是为了使面板和木龙骨粘贴牢固)，待胶粘剂干后，将小钉拔出。目前均用射钉枪。

护墙板面层的竖向拉缝形式有直拉缝和斜面拉缝两种，见图 2-57。

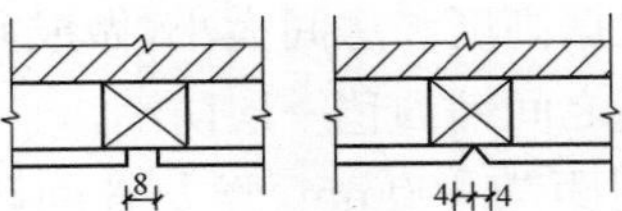

图 2-57 拉缝形式

为了美观起见，竖向拉缝处也可镶钉压条，见图 2-58。

如果做全高护墙板，护墙板纵向需有接头，接头最后在窗口上部或窗台以下，有利于美观，接头形式，见图 2-59。

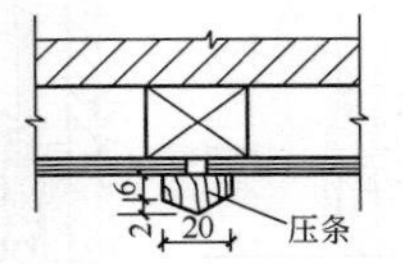

图 2-58　护墙板压条

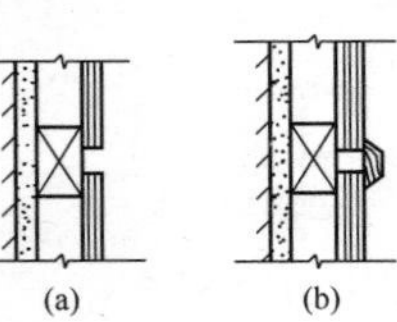

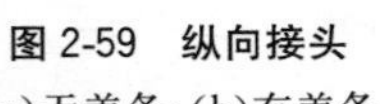

图 2-59　纵向接头
(a)无盖条;(b)有盖条

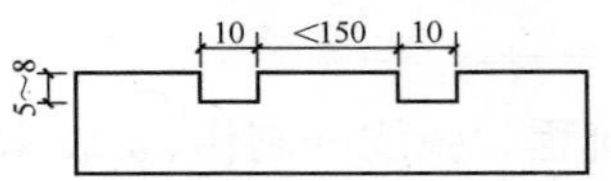

图 2-60　卸力槽

厚面板作面层时,板的背面应做卸力槽,以免板面弯曲。卸力槽间距不大于 150mm,槽宽 10mm,深 5～8mm,见图 2-60。

护墙板阳角的处理方法,见图 2-61。

护墙板阴角的处理方法,见图 2-62。

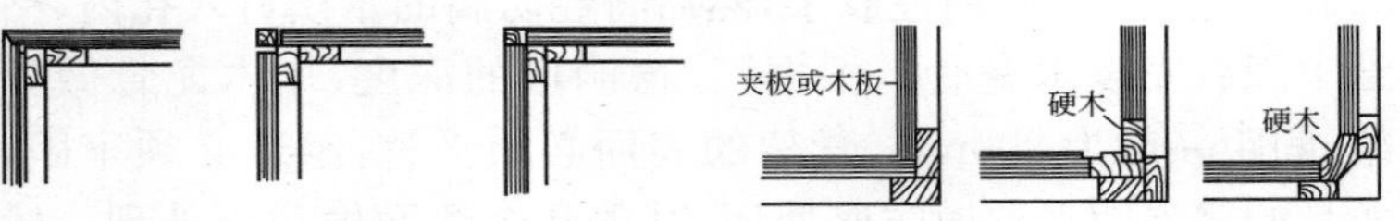

图 2-61　阳角处理　　图 2-62　阴角处理

护墙板顶部要拉线找平,钉木压条。木压条规格尺寸要一致,挑选木纹、颜色近似的钉在一起。压条又称压顶,样式很多,见图 2-63。压线条的处理方法见图 2-64。

护墙板与踢脚板交接处的做法有多种,见图 2-65。

图 2-63　压线条

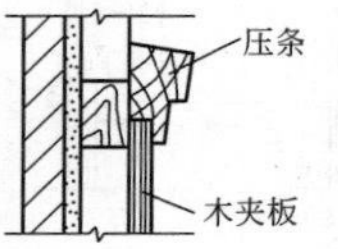

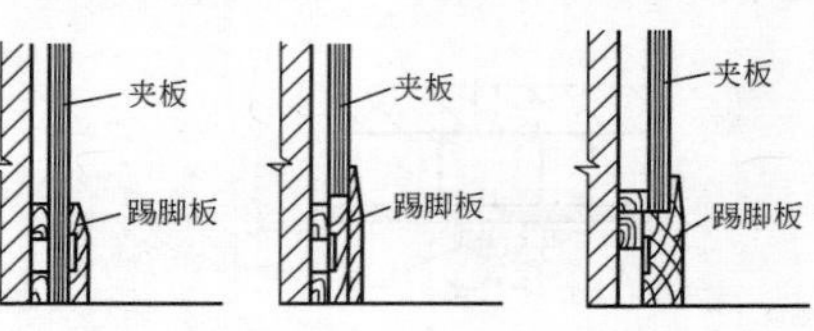

图 2-64　压条的处理

图 2-65　护墙板与踢脚板交接处的几种做法

2. 门窗套

(1)施工工艺流程。弹线→制作、安装木龙骨→安装底板→安装面板→安装门、窗套木线。

(2)弹线。按图样的门窗尺寸及门窗套木线的宽度，在墙、地上弹出门窗套、木线的外边缘控制线及标高控制线。按节点构造图弹出龙骨安装中心线和门窗及合页安装位置线，合页处应有龙骨，确保合页安装在龙骨上。

(3)制作、安装木龙骨。在龙骨中心线上用电锤钻孔，孔距500mm 左右，在孔内注胶浆，然后将经防腐的木楔钉入孔内，粘结牢固后安装木龙骨。根据门、窗洞口的深度，用木龙骨做骨架，间距一般为 200mm，骨架的表面必须平整，组装必须牢固，龙骨的靠墙面必须做防腐处理，其他几个侧面做防火处理。然后将木龙骨按弹好的控制线，用砸扁钉帽的圆钉钉到木楔上。安装骨架时，应边安装边用靠尺进行调平，骨架与墙面的间隙，用经防腐处理过的楔形方木块垫实，木块间隔应不大于200mm，安装完的骨架表面应平整，其偏差在 2 m 范围内应小于 1mm。钉帽要冲入木龙骨表面 3mm 以上。

(4)安装底板。门、窗套筒子板的底板通常用细木工板预制成左、右、上三块。若筒子板上带门框，必须按设计断面，留出贴面板尺寸后做出裁口。安装前，应先在底板背面弹出骨架的位置线，并在底板背面骨架的空间处刷防火涂料，骨架与底板的结合处涂刷乳胶，然后用木螺钉或气钉将底板钉粘到木龙骨上。一般钉间距为 150mm，钉帽要钉入底板表面 1mm 以上。也可以在底板与墙面之间不加木龙骨，直接将底板钉在木砖上，底板与墙体之间的空隙采用发泡胶塞实；若采用成品门、窗套可不加龙骨、底板，直接与墙体固定。

(5)安装面板。安装面板前，必须对面板的颜色、花纹进行挑选，同一房间面板的颜色、花纹必须一致。检查底板的平整度、垂直度和各角的方正度符合要求后，在底板上和面板背面满刷乳胶，乳胶必须涂刷均匀。然后将面板粘贴在底板上。在面板上铺垫 50mm 宽板条，用气钉临时压紧固定，待结合面乳胶干透约 48 h 后取下。面板也可采用蚊钉直接铺钉，钉间距一般为 100mm。门套过高，面板需要拼接时，一般接缝放在门与亮子间的横梁中心，没有亮子时，拼缝离地面 1.2 m 以上。拼接应在同一龙骨上，花纹要对齐，不宜纵向接缝。

(6)安装门、窗套木线。门、窗套木线，按设计要求的截面形状、尺寸进行加工制作。门、窗套木线的背面应刨出卸力槽，槽深一般 5mm 为宜。门、窗套木线的颜色、花纹要与面板相同或配套。门套木线的厚度应大于踢脚板的厚度。安装时，一般先钉横向的，后钉竖向的。先量出横向木线所需的长度，两端锯成 45°斜角(即割角)，紧贴在框的上坎上，其两端深处的长度应一致。将钉帽砸扁，顺木纹冲入板面 1～3mm，钉长宜为板厚的 2 倍，钉距不大于 500mm，然后量出竖向木线长度，钉在边框上。横竖木线的线条要对正，割角应准确平整，对缝严密，安装牢固。木线的厚度不能小于踢脚板的厚度，以免踢脚板冒出而影响美观。门套木线的内侧与门套应留出 10mm 的裁口，避免安装合页时损伤门套木线。

3. 挂镜线

挂镜线是室内装饰中不可缺少的一部分，它既可悬挂装饰品，又可作为装饰线条。挂镜线材料有木制挂镜线、塑料挂镜线、金属挂镜线。材料虽然不同，但施工方法相同。下面以木制挂镜线为例介绍施工技术。

安装要点。

(1)弹线。根据设计图纸要求，并充分考虑与电线盒、拉线开关及窗帘盒位置之间的关系，确定实际安装位置，然后用软透明注水塑料管找出墙面水平高度，划定安装位置线。

(2)裁挂镜线。按照墙面长度尺寸截面挂镜线，注意在房屋阴阳角处要锯切成 45°角斜面对接。挂镜线最好不要在长度上拼接，如要拼接一定要按 45°角斜接，并尽量做到整体通畅。

(3)钉挂镜线。将截面的挂镜线用无头圆钉或打扁帽的圆钉钉于墙面预埋砖或木楔上，钉距以 600～700mm 为宜。注意在墙面阴阳角处，挂镜线斜接口处一定要外钉牢。

石膏板墙面可用自攻螺钉直接固定在墙体内龙骨上，钉帽要拧进木线内。

4. 窗帘盒、窗台板和散热器罩

(1)窗帘盒、窗台板和散热器罩的构造。

①木窗帘盒的构造。木窗帘盒分为单轨木窗帘盒、双轨木窗帘盒两种，单轨木窗帘盒用于吊单层窗帘，双轨木窗帘盒用于吊双层窗帘。

a. 单轨木窗帘盒的构造见图 2-66。

b. 双轨木窗帘盒的构造见图 2-67。

②木窗台板的构造。木窗台板的构造见图 2-68、图 2-69。

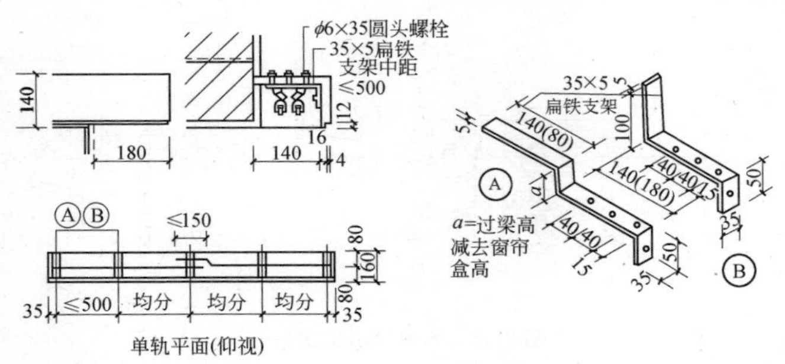

图 2-66　单轨木窗帘盒

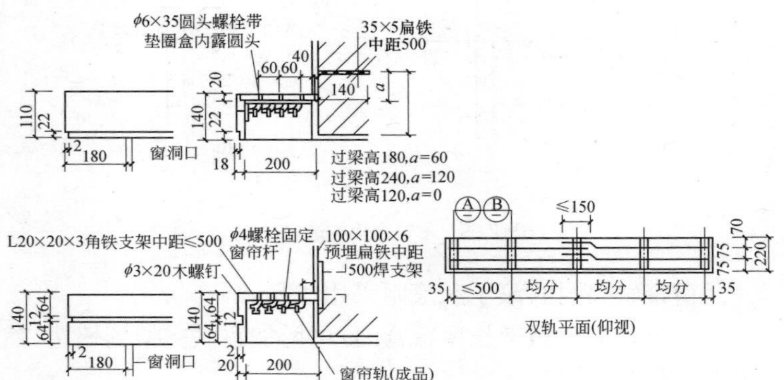

图 2-67　双轨木窗帘盒

③木散热器罩的构造。木散热器罩的构造见图 2-70。

(2)窗帘盒施工要点。

①在装木窗帘盒的砖墙上将 35mm×5mm 的扁铁支架预埋入墙内,间距 500mm。也可在钢筋混凝土过梁内预埋铁件,安装时再与扁铁支架板焊牢,或用射钉、膨胀螺栓固定支架。

②木窗帘盒应用木螺钉与扁铁支架拧紧,牢固连接。

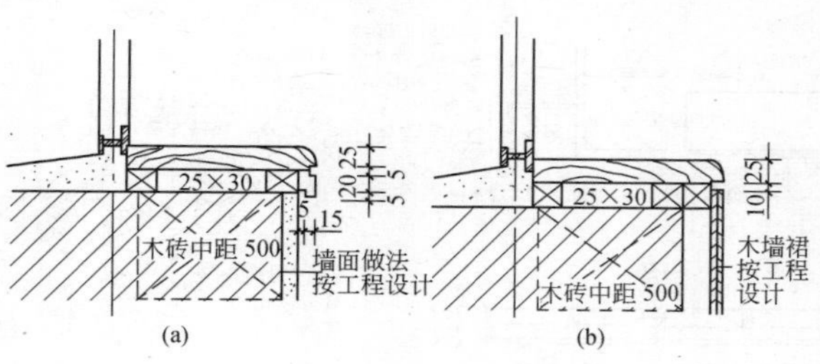

图 2-68　木窗台板构造(一)

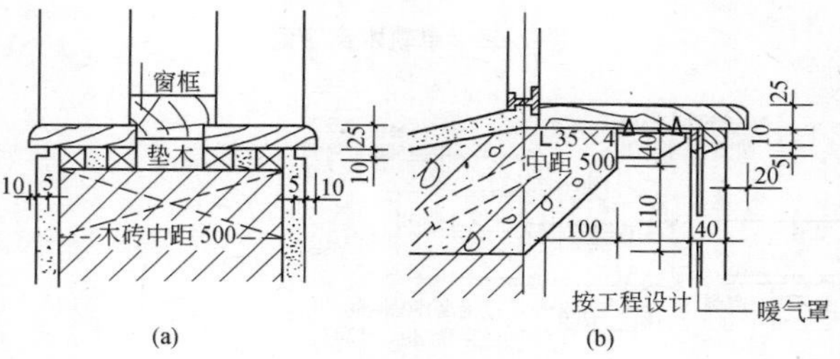

图 2-69　木窗台板构造(二)

③窗帘轨、轨扣、滚子和滚阻采用成品。

④如设计需要做通长窗帘盒时,可增加扁铁支架到墙边,然后再上通长窗帘盒。

⑤在木窗帘盒表面可贴木纹纸(竖纹)或贴木纹塑料板面。

⑥木窗帘盒应选用花纹美丽的木材,含水率要符合规范的规定。

(3)木窗台板施工要点。

①木窗台板厚度、宽度、长度尺寸应符合设计要求,与墙面接触处应涂刷防腐剂。

②安装窗台板时,其两侧伸出窗洞以外的尺寸要一致。

③窗台板的安装标高应符合设计图纸的规定,并要求保持

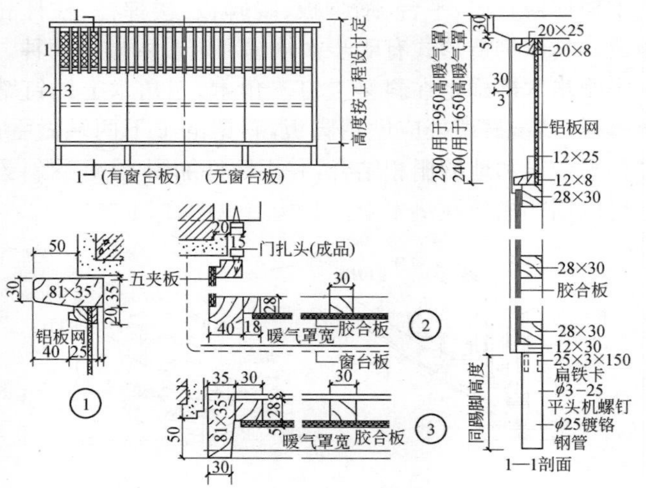

图 2-70　木散热器罩构造(单位:mm)

水平,两端应牢固嵌入墙内,里边宜插入窗框下冒头的裁口内。

④木窗台板宽度大于 150mm 时,拼合时应穿暗带;长度超过 1.5m 时,窗台中部应预埋木砖,再用扁头钉钉牢。

(4)木散热器罩的施工要点。

①木散热器罩的尺寸,应与槽的尺寸相适应。

②当散热器罩靠墙处留槽深度不足或未留槽时,可选用图 2-70 中的②、③节点;墙体上做散热器槽炉片全部暗装时,可选用图 2-70 中的①、③节点。

③散热器罩内的净空不得小于 180mm。

④散热器罩底部标高与踢脚板高度相同。

5. 木楼梯

(1)木楼梯的构造形式。

木楼梯由斜梁、平台、踏脚板、踢脚板、楼梯柱、柱杆和扶手等组成。具体构造形式有明步木楼梯和暗步木楼梯两种。

①明步木楼梯是在斜梁上钉三角木，三角木上铺钉踏脚板和踢脚板，踏步靠墙处应做踏脚板，斜梁的上下两端做吞肩榫。与楼梯平台梁和地搁栅相结合，并用铁件加固，在底层斜梁的下端也可以用凹槽压在垫木上。其构造见图 2-71。

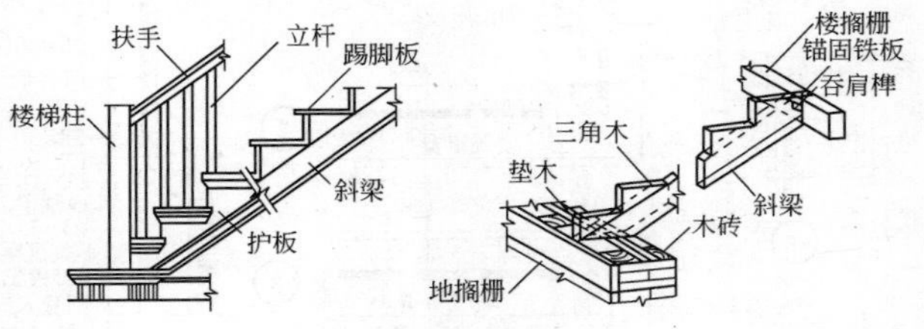

图 2-71　明步木楼梯

②暗步木楼梯是在安装踏步板一面的斜梁上开凿凹槽，把踢脚板和踏脚板逐块镶入，然后和另一根斜梁进行合拢靠实，楼梯背面可做灰板条粉刷或钉纤维板等。其构造见图 2-72。

(2)木楼梯的制作安装工序。

①放大样，制样板。楼梯制作前，在铺平的木板或水泥地上，根据施工图要求，把踏步高度、宽度、级数、三角木及平台尺寸放好大样，制作样板。

②配料。配料时注意楼梯斜梁应包括两端榫头尺寸在内，踏脚板须用整块木板，厚度为 30～40mm。明步木楼梯的踏步板长度要考虑挑出护板的尺寸。踢脚板与踏步板需用开槽方法连接，踢脚板厚度为 20～25mm。明步木楼梯踢脚板长度要考虑与护板做 45°割角的尺寸。三角木厚度为 50mm 左右。制作三角木时，应使三角木的最长边平行于木纹方向。斜梁配制时，应将木节、斜纹向上放置。斜梁与平台梁的榫肩，应上口不留

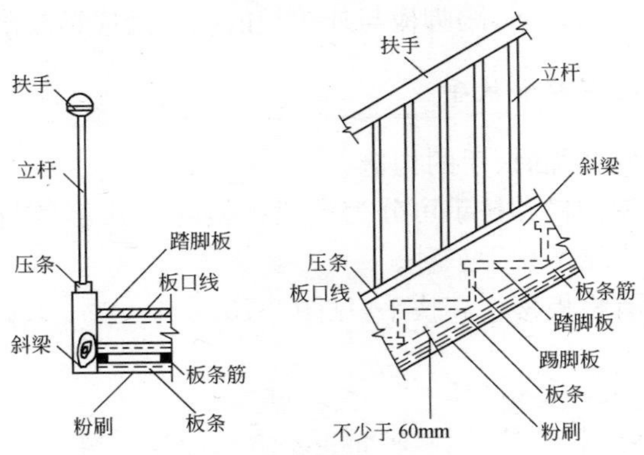

图 2-72　暗步木楼梯

线，下口留墨线。护板成踏步形，但不宜事先锯割。楼梯柱与踏步板及扶手的结合处要做榫头，栏杆与扶手的结合处可做半榫。

③安装搁栅、斜梁。先定出楼搁栅的中心线和标高线，然后再安装楼、地搁栅，最后安装斜梁，三角木应由下而上依次铺钉。钉好三角木后，需用水平尺把三角木顶面校正，并拉线使三角木顶端在同一直线上。

④安装踏步板和踢脚板。踏步板与踢脚板连结的槽口要密缝。如不采取冲头三角木，则踏步板与踢脚板应互相垂直。相邻踏步板以及相邻踢脚板均应互相平行。

⑤安装栏杆、扶手。分别将栏杆榫接在踏步板或斜梁的压条上，然后将已榫接好的扶手和楼梯柱一起安装上去，使四部分榫接成整体。安装立杆前，应检查其杆长、榫长、榫肩的斜度，注意观感。立杆长度不等或立杆榫尺度过长，都会导致扶手安装后顶面不平直。安装靠墙踢脚板时，应将其锯成踏步形状，先进行试放，检查结合是否紧密，然后再安装。

⑥安装斜梁外部护板时，须将护板锯成踏步形状。为使踢

脚板顶头不外露，踢脚板与外护板的接合处应锯成剖面后装钉。

6. 护栏和扶手

(1)护栏和扶手的构造。

楼梯护栏和扶手可分为有栏板楼梯高扶手、空花楼梯护栏扶手及靠墙木扶手三种。

①有栏板楼梯高扶手，见图 2-73。

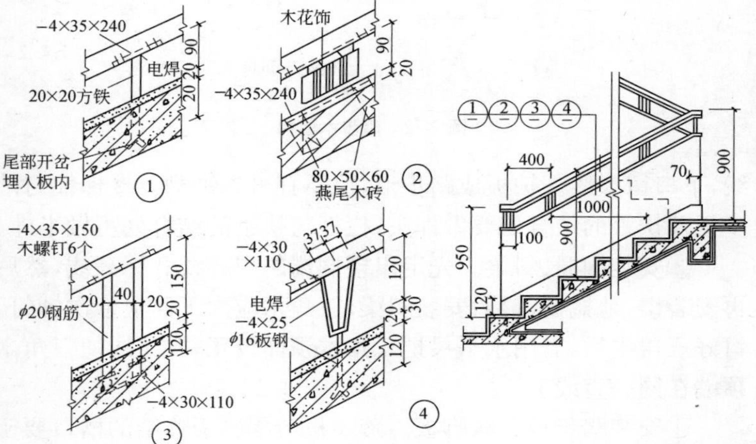

图 2-73　有栏板楼梯高扶手

②空花楼梯护栏扶手及尺寸，参考图 2-74。

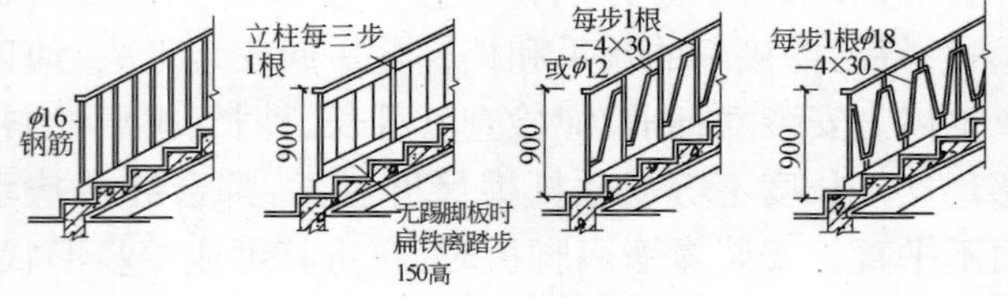

图 2-74　空花楼梯护栏

③靠墙木扶手及尺寸,参考图 2-75。

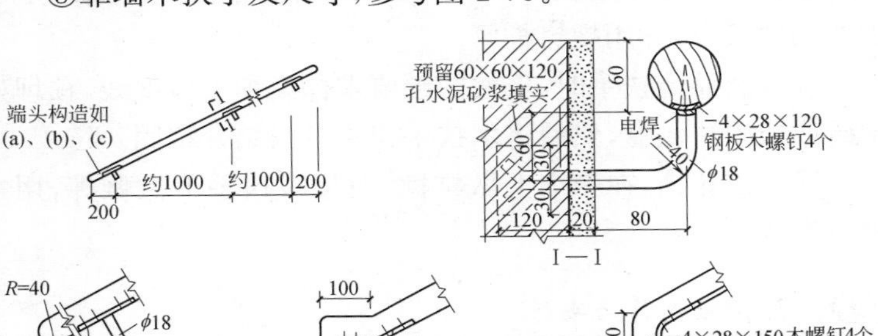

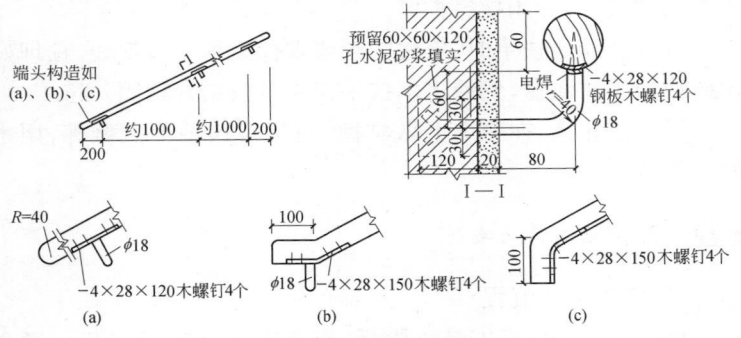

图 2-75　靠墙木扶手构造

④木扶手断面形式及尺寸,参考图 2-76。

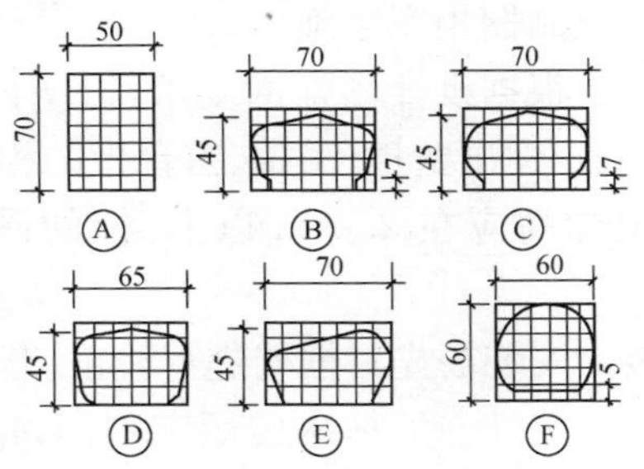

图 2-76　木扶手断面形式

(2)护栏和扶手的施工要点。

①选用顺直、少节的硬木好料,花样必须符合设计规定,制作弯头前应做实样板。

②接头均应在下面做暗燕尾榫,接头应牢固,不得错牙。

③在混凝土护栏上安装扶手时,垫板应与木砖钉牢,垫板接头应做暗榫,垫板上的花饰要分均匀,并保持垂直,垫板花饰用螺钉拧紧,不得松动。

④在铁护栏上安装扶手时，扶手下面的木槽应严密地卡在护栏的铁板上，并用螺钉拧紧。

⑤安装靠墙扶手时，应按图纸要求标高弹出坡度线，预埋好木砖或稳固法兰盘，然后将木扶手与法兰盘结合牢固。

⑥木纹花饰，在花饰上做雄榫，在垫板扶手下做雌榫，用木螺钉拧紧。

7. 橱柜制作与安装

(1)施工工艺流程。

放线定位→框架安装→隔板、支点安装→柜扇安装→五金安装。

(2)成品、半成品橱柜安装施工。

①放线定位。根据设计图样的要求，以室内垂直控制线和标高控制线为基准，弹出壁柜、吊柜、窗台柜的相应尺寸控制线，其中吊柜的下皮标高应在 2.0 m 以上，柜的深度一般不宜超过 650mm。

②框架安装。安装前先对框架进行校正、套方，在柜体框架安装位置将框架固定件与墙体木砖固定牢固，每个固定件不少于 2 个钉子。若墙体为加气混凝土或轻质隔墙时，应按设计要求进行固定，如设计无要求时，可预钻 $\phi15$、深 70～100mm 的孔，并在孔内注入胶粘水泥浆，再埋入经过防腐处理的木楔，待粘结牢固后再安装。

采用金属框架时，需在安装固定框架的位置预埋铁件，在校正、套方、吊直及标高位置核对准确无误后，对框架进行焊接固定。

③隔板、支点安装。按施工图样的隔板标高位置及支点构造的要求，安装支点条(架)，木隔板的支点一般将支点木条钉在

墙体的预埋木砖上，玻璃隔板一般采用与其匹配的 U 形卡件进行固定。

④柜扇安装。壁橱、吊柜、窗台柜的门扇有平开、推拉、翻转、单扇、双扇等形式。

a. 按图样要求先核对检查框口尺寸，并根据设计要求选择五金件的规格、型号及安装方式，并在扇的相应部位定点划线。框口高度一般量左右两端，框口宽度量上、中、下三点，图样无要求时，一般按扇的安装方式、规格尺寸确定五金件的规格、型号。一般对开扇裁口的方向，应以开启方向的右扇为盖口扇。

b. 根据划线进行柜扇修刨，使框、扇留缝合适，当柜扇为平开、翻转扇时，应同时划出框、扇合页槽位置，划线时应注意避开上下冒头。然后用扁铲剔出合页槽，安装合页。安装时，先装扇的合页，并找正固定螺钉。接着试装柜扇，修整合页槽深度，调整框扇边缝。合适后固定于框上，每只合页先拧一颗螺钉，然后关闭门扇，检查框与扇平整、缝隙均匀合适、无缺陷且符合要求后，再将螺钉全部安上拧紧、拧平。

安装时应注意木螺钉钉入全长的 1/3，拧入 2/3。若框、扇为黄花松或其他硬木时，合页安装螺钉应定位后先打孔，孔径为木螺钉直径的 0.9 倍，孔深为螺钉长度的 2/3。

c. 若为对开扇应先将柜扇尺寸量好，确定中间对开缝、裁口深度，划线后进行裁口、刨槽，试装合适后，先装左扇，后装盖扇。

d. 若为推拉扇，应先安装上下轨道。吊正、调整门扇的上、下滑轨在同一垂直面上后，再安装门扇。

e. 若柜扇为玻璃或有机玻璃，应注意中间对开缝及玻璃扇与四周缝隙的大小。

⑤五金安装。五金的品种、规格、数量按设计要求和橱柜的造型与色彩选择。安装时注意位置的选择，无具体尺寸时应按

技术交底进行。

(3)现场制作、安装橱柜。

①放线定位。根据房间实际尺寸,结合设计图样的要求,以室内垂直控制线和标高控制线为基准,弹出壁柜、吊柜、窗台柜的相应尺寸控制线,其中吊柜的下皮标高应在 2m 以上,三种柜的深度一般不宜超过 650mm。

②框架安装。根据设计图样要求及壁橱、吊柜、窗台板所在的位置与尺寸,在墙体上用电锤钻孔,孔径 $\phi15$、孔深 70mm、孔距 500mm,成梅花形布置,钉防腐木楔。然后根据现场实际尺寸采用木工板(大芯板或多层板)作为底板加工制作框架,板与板之间的连接可采用木楔连接或铁钉连接,铁钉间距不大于 300mm,连接处应刷乳胶漆。框架安装时,先根据墙面木砖位置在橱柜框架上划好标志,并在框架背面刷好防腐涂料。找正、吊直调整准确后,用 100mm 铁钉将框架在墙上固定。

③隔板、支点安装。按施工图样的隔板标高位置及支点构造安装支点条(架),木隔板支点可采用支点木条钉在墙体的预埋木砖上,再安隔板;也可以直接将隔板用铁钉固定在框架上,还可以采用 U 形卡件或不锈钢条支点安装隔板。玻璃隔板一般采用与其匹配的 U 形卡件作为支点进行固定,也可以采用不锈钢钉(条)作为支点。

④饰面板安装。饰面板一般采用三合板,材质及纹理应与门扇饰面一致,作业时,细木工板表面与饰面板背面均刷乳胶,在同一房间,应挑选纹理、色泽一致的饰面板,不得在表面钉钉子,而应在面层上铺垫 50mm 宽板条,并待结合层胶干透后取下,面板用气钉铺钉,钉间距 100mm。各口收边条均采用7mm 厚、与橱柜饰面相同材质的实木线条收边。

⑤柜扇制作、安装。柜扇可由厂家加工,也可现场制作,按

设计要求的柜扇形式和框口实际尺寸，用木工板作为底板加工柜扇，柜扇两面贴与框体相同的饰面板，四周以实木线条封边，其安装方法同“成品、半成品橱柜安装施工”。

⑥五金安装。五金的品种、规格、数量按设计要求的橱柜造型与色彩选择。安装时注意位置的选择，无具体尺寸时，操作应按技术交底进行，一般应先安装样板，经确认后再进行大面积安装。

第3部分　装饰装修木工岗位安全常识

一、装饰装修木工施工安全基本知识

(1)进入施工现场必须遵守安全生产六大纪律，以及公司的各项规章制度。

(2)木材、半成品等材料应按规格、品种分别堆放整齐，木工制作场地要平整。严禁吸烟，现场必须配备足够的消防灭火器材，张贴“严禁烟火”标志。

(3)木工作业现场电焊、气焊(割)时，人员要持证上岗，电焊、气焊(割)明火作业必须办理审批手续(动火证、监护证等)。

焊割点周围和下方应采取防火措施，并指定专人监护，工作结束后应切断焊机电源，并检查作业点，确认无起火危险后，方可离开。

(4)模板支撑不得使用腐朽、扭裂、劈裂的木质材料。顶撑要垂直，底端平整坚实，并加垫木。木楔要钉牢，并用横顺拉杆和剪刀撑拉牢。

(5)支撑模板应按工序进行，模板没有固定前，不得进行下道工序，严禁在模板支撑体系上，上下攀登。

(6)安装二层楼以上外墙窗扇，如外面无脚手架或安全网，应挂好安全带，安装窗扇中的固定扇，必须钉牢固。

(7)不准直接在板条天棚或隔音板上通行和堆放材料，必须通行时，应在大楞上铺设脚手板，严禁使用木板(5. 1cm×10. 2cm、5. 1cm×20. 4cm)、其他木料或钢模等作为立人板。

使用人字梯要有防滑措施，不准有断、缺档，拉绳必须结实，不得站在最上一层操作，严禁站在高梯上移动高梯位置。

(8)现场机械设备、木工用具（手电钻、平刨机、圆盘锯等）必须要有可靠的接地和安全防护装置，必须达到二级漏电保护。

用电设备严禁使用胶质线和花线，要使用多股铜芯橡皮护套电缆，室内照明灯具不得低于2.4m。严禁使用多功能木工电动工具。

(9)刨、锯材料时应保持身体稳定，必须思想集中，谨慎作业。双手操作，刨削量每一次不得超过1.5mm。进料速度均匀，经过刨口时用力要轻，禁止用手推进。

遇带疤戗槎要减慢推料速度，严禁将手按在节疤上推料。刨旧料必须将铁钉、泥砂等清除干净。

(10)压刨机只准采用单向开关，不准采用倒顺双向开关。三、四面刨，要按顺序开动。

(11)用圆锯操作要戴防护眼镜，站在锯片一侧，禁止站在与锯片同一直线上，手臂不得跨越锯片。

进料必须紧贴靠山，不得用力过猛，遇硬节慢推，接料要待料出锯片15cm，不得用于硬拉。

短窄料应用推棍，接料使用刨钩，小于锯片半径的木料，禁止上锯。

(12)木工用具操作前应进行检查，锯片不得有裂口，刀片有裂缝的不准使用。

螺钉应上紧。换刀、锯片或在检修机械设备时必须拉闸断电和拔除插头。

(13)在施工现场，木工班长应负责将当天工作用剩下的边角料、废木料、木渣、刨花及时处理，做好落手清工作。

二、现场施工安全操作基本规定

1. 杜绝“三违”现象

员工遵章守纪，是实现安全生产的基础。员工在生产过程中，不仅要有熟练的技术，而且必须自觉遵守各项操作规程和劳动纪律，远离“三违”，即违章指挥、违章操作、违反劳动纪律。

(1)违章指挥。企业负责人和有关管理人员法制观念淡薄，缺乏安全知识，思想上存有侥幸心理，对国家、集体的财产和人民群众的生命安全不负责任。明知不符合安全生产有关条件，仍指挥作业人员冒险作业。

(2)违章作业。作业人员没有安全生产常识，不懂安全生产规章制度和操作规程，或者在知道基本安全知识的情况下，在作业过程中，违反安全生产规章制度和操作规程，不顾国家、集体的财产和他人、自己的生命安全，擅自作业，冒险蛮干。

(3)违反劳动纪律。上班时不知道劳动纪律，或者不遵守劳动纪律，违反劳动纪律进行冒险作业，造成不安全因素。

2. 牢记“三宝”和“四口、五临边”

(1)“三宝”指安全帽、安全带、安全网。安全帽、安全带、安全网是工人的三件宝，只有正确佩戴和使用，才可以保证个人安全。

(2)“四口”指楼梯口、电梯井口、预留洞口、通道口。“五临边”是指尚未安装栏杆的阳台周边、无外架防护的层面周边、框架工程楼层周边、上下跑道及斜道的两侧边、卸料平台的侧边。

“四口、五临边”是施工现场最危险和最容易发生事故的地方，因此对施工现场重要危险部位进行正确的防护，可以有效地减少事故发生，为工人作业提供一个安全的环境。

3. 做到“三不伤害”

“三不伤害”是指不伤害自己、不伤害他人、不被他人伤害。

施工现场每一个操作人员和管理人员都要增强自我保护意识，同时也要对安全生产自觉负起监督的责任，才能达到全员安全的目的。

施工时经常有上下层或者不同工种、不同队伍互相交叉作业的情况，要避免这时候发生危险。相互间协调好，上层作业时，要对作业区域围蔽，有人值守，防止人员进入作业区下方。此外落物伤人，也是工地经常发生的事故之一，进入施工现场，一定要戴好安全帽。作业过程中，观察周围，不伤害他人，也不被他人伤害，这是工地安全的基本原则。自己不违章，只能保证不伤害自己，不伤害别人。要做到不被别人伤害，就要及时制止他人违章。制止他人违章既保护了自己，也保护了他人。

4. 加强“三懂三会”能力

“三懂三会”即懂得本岗位和部门有什么火灾危险性，懂得灭火知识，懂得预防措施；会报火警，会使用灭火器材，会处理初起火灾。

5. 掌握“十项安全技术措施”

（1）按规定使用安全“三宝”。

（2）机械设备防护装置一定要齐全有效。

（3）塔吊等起重设备必须有限位保险装置，不准带病运转，不准超负荷作业，不准在运转中维修保养。

(4)架设电线线路必须符合当地电业局的规定,电气设备必须全部接零接地。

(5)电动机械和手持电动工具要设置漏电保护器。

(6)脚手架材料及脚手架的搭设必须符合规程要求。

(7)各种缆风绳及其设置必须符合规程要求。

(8)在建工程的楼梯口、电梯口、预留洞口、通道口,必须有防护设施。

(9)严禁赤脚或穿高跟鞋、拖鞋进入施工现场,高空作业不准穿硬底和带钉易滑的鞋靴。

(10)施工现场的悬崖、陡坎等危险地区应设警戒标志,夜间要设红灯示警。

6. 施工现场行走或上下的“十不准”

(1)不准从正在起吊、运吊中的物件下通过。

(2)不准从高处往下跳或奔跑作业。

(3)不准在没有防护的外墙和外壁板等建筑物上行走。

(4)不准站在小推车等不稳定的物体上操作。

(5)不得攀登起重臂、绳索、脚手架、井字架、龙门架和随同运料的吊盘及吊装物上下。

(6)不准进入挂有“禁止出入”或设有危险警示标志的区域、场所。

(7)不准在重要的运输通道或上下行走通道上逗留。

(8)未经允许不准私自进入非本单位作业区域或管理区域,尤其是存有易燃、易爆物品的场所。

(9)严禁在无照明设施、无足够采光条件的区域、场所内行走、逗留。

(10)不准无关人员进入施工现场。

7.做到“十不盲目操作”

做到“十不盲目操作”，是防止违章和事故的基本操作要求。

（1）新工人未经三级安全教育，复工换岗人员未经安全岗位教育，不盲目操作。

（2）特殊工种人员、机械操作工未经专门安全培训，无有效安全上岗操作证，不盲目操作。

（3）施工环境和作业对象情况不清，施工前无安全措施或作业安全交底不清，不盲目操作。

（4）新技术、新工艺、新设备、新材料、新岗位无安全措施，未进行安全培训教育、交底，不盲目操作。

（5）安全帽和作业所必需的个人防护用品不落实，不盲目操作。

（6）脚手、吊篮、塔吊、井字架、龙门架、外用电梯、起重机械、电焊机、钢筋机械、木工平刨、圆盘锯、搅拌机、打桩机等设施设备和现浇混凝土模板支撑、搭设安装后，未经验收合格，不盲目操作。

（7）作业场所安全防护措施不落实，安全隐患不排除，威胁人身和国家财产安全时，不盲目操作。

（8）凡上级或管理干部违章指挥，有冒险作业情况时，不盲目操作。

（9）高处作业、带电作业、禁火区作业、易燃易爆作业、爆破性作业、有中毒或窒息危险的作业和科研实验等其他危险作业的，均应由上级指派，并经安全交底；未经指派批准、未经安全交底和无安全防护措施，不盲目操作。

（10）隐患未排除，有自己伤害自己、自己伤害他人、自己被他人伤害的不安全因素存在时，不盲目操作。

8."防止坠落和物体打击"的十项安全要求

(1)高处作业人员必须着装整齐,严禁穿硬塑料底等易滑鞋、高跟鞋,工具应随手放入工具袋中。

(2)高处作业人员严禁相互打闹,以免失足发生坠落事故。

(3)在进行攀登作业时,攀登用具结构必须牢固可靠,使用必须正确。

(4)各类手持机具使用前应检查,确保安全牢靠。洞口临边作业应防止物件坠落。

(5)施工人员应从规定的通道上下,不得攀爬脚手架、跨越阳台,不得在非规定通道进行攀登、行走。

(6)进行悬空作业时,应有牢靠的立足点并正确系挂安全带;现场应视具体情况配置防护栏网、栏杆或其他安全设施。

(7)高处作业时,所有物料应该堆放平稳,不可放置在临边或洞口附近,且不可妨碍通行。

(8)高处拆除作业时,对拆卸下的物料、建筑垃圾都要加以清理和及时运走,不得在走道上任意乱置或向下丢弃,保持作业走道畅通。

(9)高处作业时,不准往下或向上乱抛材料和工具等物件。

(10)各施工作业场所内,凡有坠落可能的任何物料,都应先行撤除或加以固定,拆卸作业要在设有禁区、有人监护的条件下进行。

9.防止机械伤害的"一禁、二必须、三定、四不准"

(1)一禁。不懂电器和机械的人员严禁使用和摆弄机电设备。

(2)二必须。

①机电设备应完好,必须有可靠有效的安全防护装置。

②机电设备停电、停工休息时必须拉闸关机,按要求上锁。

(3)三定。

①机电设备应做到定人操作,定人保养、检查。

②机电设备应做到定机管理、定期保养。

③机电设备应做到定岗位和岗位职责。

(4)四不准。

①机电设备不准带病运转。

②机电设备不准超负荷运转。

③机电设备不准在运转时维修保养。

④机电设备运行时,操作人员不准将头、手、身伸入运转的机械行程范围内。

10."防止车辆伤害"的十项安全要求

(1)未经劳动、公安交通部门培训合格的持证人员,不熟悉车辆性能者不得驾驶车辆。

(2)应坚持做好例保工作,车辆制动器、喇叭、转向系统、灯光等影响安全的部件如作用不良,不准出车。

(3)严禁翻斗车、自卸车的车厢乘人,严禁人货混装,车辆载货应不超载、超高、超宽,捆扎应牢固可靠,应防止车内物体失稳跌落伤人。

(4)乘坐车辆应坐在安全处,头、手、身不得露出车厢外,要避免车辆启动制动时跌倒。

(5)车辆进出施工现场,在场内掉头、倒车,在狭窄场地行驶时应有专人指挥。

(6)现场行车进场要减速,并做到"四慢",即道路情况不明要慢,线路不良要慢,起步、会车、停车要慢,在狭路、桥梁弯路、坡路、叉道、行人拥挤地点及出入大门时要慢。

(7)临近机动车道的作业区和脚手架等设施以及道路中的路障,应加设安全色标、安全标志和防护措施,并要确保夜间有充足的照明。

(8)装卸车作业时,若车辆停在坡道上,应在车轮两侧用楔形木块加以固定。

(9)人员在场内机动车道应避免右侧行走,并做到不平排结队有碍交通;避让车辆时,应不避让于两车交会之中,不站于旁有堆物无法退让的死角。

(10)机动车辆不得牵引无制动装置的车辆,牵引物体时物体上不得有人,人不得进入正在牵引的物与车之间,坡道上牵引时,车和被牵引物下方不得有人作业和停留。

11."防止触电伤害"的十项安全操作要求

根据安全用电"装得安全、拆得彻底、用得正确、修得及时"的基本要求,为防止触电伤害的操作要求有:

(1)非电工严禁拆接电气线路、插头、插座、电气设备、电灯等。

(2)使用电气设备前必须检查线路、插头、插座、漏电保护装置是否完好。

(3)电气线路或机具发生故障时,应找电工处理,非电工不得自行修理或排除故障。

(4)使用振捣器等手持电动机械和其他电动机械从事湿作业时,要由电工接好电源,安装上漏电保护器,操作者必须穿戴好绝缘鞋、绝缘手套后再进行作业。

(5)搬迁或移动电气设备必须先切断电源。

(6)搬运钢筋、钢管及其他金属物时,严禁触碰到电线。

(7)禁止在电线上挂晒物料。

(8)禁止使用照明器烘烤、取暖,禁止擅自使用电炉和其他电加热器。

(9)在架空输电线路附近工作时,应停止输电,不能停电时,应有隔离措施,要保持安全距离,防止触碰。

(10)电线必须架空,不得在地面、施工楼面随意乱拖,若必须通过地面、楼面时,应有过路保护,物料、车、人不准压踏碾磨电线。

12. 施工现场防火安全规定

(1)施工现场要有明显的防火宣传标志。

(2)施工现场必须设置临时消防车道。其宽度不得小于 3.5m,并保证临时消防车道的畅通,禁止在临时消防车道上堆物、堆料或挤占临时消防车道。

(3)施工现场必须配备消防器材,做到布局合理。要害部位应配备不少于 4 具的灭火器,要有明显的防火标志,并经常检查、维护、保养,保证灭火器材灵敏有效。

(4)施工现场消火栓应布局合理,消防干管直径不小于 100mm,消火栓处昼夜要设有明显标志,配备足够的水龙带,周围 3m 内不准存放物品。地下消火栓必须符合防火规范。

(5)高度超过 24m 的建筑工程,应安装临时消防竖管。管径不得小于 75mm,每层设消火栓口,配备足够的水龙带。消防水要保证足够的水源和水压,严禁消防竖管作为施工用水管线。消防泵房应使用非燃材料建造,位置设置合理,便于操作,并设专人管理,保证消防供水。消防泵的专用配电线路应引自施工现场总断路器的上端,要保证连续不间断供电。

(6)电焊工、气焊工从事电气设备安装的电焊、气焊切割作业,要有操作证和用火证。用火前,要对易燃、可燃物采取清除、隔离等措施,配备看火人员和灭火器具,作业后必须确认无火源隐患后方可离去。用火证当日有效。用火地点变换,要重新办理用火证手续。

(7)氧气瓶、乙炔瓶工作间距不小于5m,两瓶与明火作业距离不小于10m。建筑工程内禁止氧气瓶、乙炔瓶存放,禁止使用液化石油气"钢瓶"。

(8)施工现场使用的电气设备必须符合防火要求。临时用电必须安装过载保护装置,电闸箱内不准使用易燃、可燃材料。严禁超负荷使用电气设备。

(9)施工材料的存放、使用应符合防火要求。库房应采用非燃材料支搭,易燃易爆物品应专库储存,分类单独存放,保持通风,用电符合防火规定。不准在工程内、库房内调配油漆、烯料。

(10)工程内部不准作为仓库使用,不准存放易燃、可燃材料,因施工需要进入工程内部的可燃材料,要根据工程计划限量进入并采取可靠的防火措施。废弃材料应及时消除。

(11)施工现场使用的安全网、密目式安全网、密目式防尘网、保温材料,必须符合消防安全规定,不得使用易燃、可燃材料。

(12)施工现场严禁吸烟,不得在建筑工程内部设置宿舍。

(13)施工现场和生活区,未经有关部门批准不得使用电热器具。严禁工程中明火保温施工及宿舍内明火取暖。

(14)从事油漆粉刷或防水等有毒及易燃危险作业时,要有具体的防火要求,必要时派专人看护。

(15)生活区的设置必须符合消防管理规定。严禁使用可燃材料搭设,宿舍内不得卧床吸烟,房间内住20人以上必须设置不少于2处的安全门,居住100人以上,要有消防安全通道及人员疏散预案。

(16)生活区的用电要符合防火规定。食堂使用的燃料必须符合使用规定,用火点和燃料不能在同一房间内,使用时要有专人管理,停火时将总开关关闭,经常检查有无泄漏。

三、高处作业安全知识

1. 高处作业的一般施工安全规定和技术措施

按照《高处作业分级》(GB/T 3608—2008)规定:凡在坠落高度基准面 2m 以上(含 2m)的可能坠落的高处所进行的作业,都称为高处作业。

在施工现场高处作业中,如果未防护、防护不好或作业不当都可能发生人或物的坠落。人从高处坠落的事故,称为高处坠落事故。物体从高处坠落砸着下面人的事故,称为物体打击事故。建筑施工中的高处作业主要包括临边、洞口、攀登、悬空、交叉作业等类型,这些是高处作业伤亡事故可能发生的主要地点。

高处作业时的安全措施有设置防护栏杆,孔洞加盖,安装安全防护门,满挂安全平立网,必要时设置安全防护棚等。

(1)施工前,应逐级进行安全技术教育及交底,落实所有安全技术措施和个人防护用品,未经落实时不得进行施工。

(2)高处作业中的安全标志、工具、仪表、电气设施和各种设备,必须在施工前加以检查,确认其完好,方能投入使用。

(3)悬空、攀登高处作业以及搭设高处安全设施的人员必须按照国家有关规定,经过专门的安全作业培训,并取得特种作业操作资格证书后,方可上岗作业。

(4)从事高处作业的人员必须定期进行身体检查,诊断患有心脏病、贫血、高血压、癫痫病、恐高症及其他不适宜高处作业的疾病时,不得从事高处作业。

(5)高处作业人员应头戴安全帽,身穿紧口工作服,脚穿防滑鞋,腰系安全带。

(6)高处作业场所有坠落可能的物体,应一律先行撤除或予以固定。所用物件均应堆放平稳,不妨碍通行和装卸。工具应随手放入工具袋,拆卸下的物件及余料和废料均应及时清理运走,清理时应采用传递或系绳提溜方式,禁止抛掷。

(7)遇有六级以上强风、浓雾和大雨等恶劣天气,不得进行露天悬空与攀登高处作业。台风暴雨后,应对高处作业安全设施逐一检查,发现有松动、变形、损坏或脱落、漏雨、漏电等现象,应立即修理完善或重新设置。

(8)所有安全防护设施和安全标志等,任何人都不得损坏或擅自移动和拆除。因作业必须临时拆除或变动安全防护设施、安全标志时,必须经有关施工负责人同意,并采取相应的可靠措施,作业完毕后立即恢复。

(9)施工中对高处作业的安全技术设施发现有缺陷和隐患时,必须立即报告,及时解决。危及人身安全时,必须立即停止作业。

2. 高处作业的基本安全技术措施

(1)凡是临边作业,都要在临边处设置防护栏杆,一般上杆离地面高度为1.0～1.2m,下杆离地面高度为0.5～0.6m;防护栏杆必须自上而下用安全网封闭,或在栏杆下边设置严密固定的高度不低于18cm的挡脚板或40cm的挡脚竹笆。

(2)对于洞口作业,可根据具体情况采取设防护栏杆、加盖板、张挂安全网与装栅门等措施。

(3)进行攀登作业时,作业人员要从规定的通道上下,不能在阳台之间等非规定通道进行攀登，也不得任意利用吊车车臂架等施工设备进行攀登。

(4)进行悬空作业时，要设有牢靠的作业立足处，并视具体情况设防护栏杆，搭设架手架、操作平台，使用马凳，张挂安全网或其他安全措施；作业所用索具、脚手板、吊篮、吊笼、平台等设备，均需经技术鉴定方能使用。

(5)进行交叉作业时，注意不得在上下同一垂直方向上操作，下层作业的位置必须处于依上层高度确定的可能坠落范围之外。不符合以上条件时，必须设置安全防护层。

(6)结构施工自二层起，凡人员进出的通道口(包括井架、施工电梯的进出口)，均应搭设安全防护棚。高度超过 24m 时，防护棚应设双层。

(7)建筑施工进行高处作业之前，应进行安全防护设施的检查和验收。验收合格后，方可进行高处作业。

3. 高处作业安全防护用品使用常识

由于建筑行业的特殊性，高处作业中发生高处坠落、物体打击事故的比例最大。要避免伤亡事故，作业人员必须正确佩戴安全帽，调好帽箍，系好帽带；正确使用安全带，高挂低用；按规定架设安全网。

(1)安全帽。对人体头部受外力伤害(如物体打击)起防护作用的帽子。使用时要注意：

①选用经有关部门检验合格，其上有“安鉴”标志的安全帽。

②使用安全帽前先检查外壳是否破损，有无合格帽衬，帽带是否齐全，如果不符合要求则立即更换。

③调整好帽箍、帽衬(4～5cm)，系好帽带。

(2)安全带。高处作业人员预防坠落伤亡的防护用品。使用时要注意：

①选用经有关部门检验合格的安全带，并保证在使用有效期内。

②安全带严禁打结、续接。

③使用中，要可靠地挂在牢固的地方，高挂低用，且要防止摆动，避免明火和刺割。

④2m 以上的悬空作业，必须使用安全带。

⑤在无法直接挂设安全带的地方，应设置挂安全带的安全拉绳、安全栏杆等。

(3)安全网。用来防止人、物坠落或用来避免、减轻坠落及物体打击伤害的网具。使用时要注意：

①要选用有合格证的安全网；在使用时，必须按规定到有关部门检测、检验合格，方可使用。

②安全网若有破损、老化，应及时更换。

③安全网与架体连接不宜绷得太紧，系结点要沿边分布均匀、绑牢。

④立网不得作为平网使用。

⑤立网必须选用密目式安全网。

四、脚手架作业安全技术常识

1.脚手架的作用及常用架型

脚手架的搭设、拆除作业属悬空、攀登高处作业，其作业人员必须按照国家有关规定经过专门的安全作业培训，并取得特种作业操作资格证书后，方可上岗作业。其他无资格证书的作业人员只能做一些辅助工作，严禁悬空、登高作业。

脚手架的主要作用是在高处作业时供堆料、短距离水平运输及作业人员在上面进行施工作业。高处作业的五种基本类型的安全隐患在脚手架上作业中都会发生。

脚手架应满足以下基本要求：

(1)要有足够的牢固性和稳定性,保证施工期间在所规定的荷载和气候条件下,不产生变形、倾斜和摇晃。

(2)要有足够的使用面积,满足堆料、运输、操作和行走的要求。

(3)构造要简单,搭设、拆除和搬运要方便。

常用脚手架有扣件式钢管脚手架、门型钢管脚手架、碗扣式钢管架等。此外还有附着升降脚手架、吊篮式脚手架、挂式脚手架等。

2. 脚手架作业一般安全技术常识

(1)每项脚手架工程都要有经批准的施工方案并严格按照此方案搭设和拆除,作业前必须组织全体作业人员熟悉施工和作业要求,进行安全技术交底。班组长要带领作业人员对施工作业环境及所需工具、安全防护设施等进行检查,消除隐患后方可作业。

(2)脚手架要结合工程进度搭设,结构施工时脚手架要始终高出作业面一步架,但不宜一次搭得过高。未完成的脚手架,作业人员离开作业岗位(休息或下班)时,不得留有未固定的构件,并应保证架子稳定。

脚手架要经验收签字后方可使用。分段搭设时应分段验收。在使用过程中要定期检查,较长时间停用、台风或暴雨过后使用前要进行检查加固。

(3)落地式脚手架基础必须坚实,若是回填土,必须平整夯实,并做好排水措施,以防止地基沉陷引起架子沉降、变形、倒塌。当基础不能满足要求时，可采取挑、吊、撑等技术措施，将荷载分段卸到建筑物上。

(4)设计搭设高度较小(15m 以下)时，可采用抛撑；当设计高度较大时，采用既抗拉又抗压的连墙点(根据规范用柔性或刚性连墙点)。

(5)施工作业层的脚手板要满铺、牢固，离墙间隙不大于15cm，并不得出现探头板；在架子外侧四周设 1.2m 高的防护栏杆及 18cm 的挡脚板，且在作业层下装设安全平网；架体外排立杆内侧挂设密目式安全立网。

(6)脚手架出入口须设置规范的通道口防护棚；外侧临街或高层建筑脚手架，其外侧应设置双层安全防护棚。

(7)架子使用中，通常架上的均布荷载，不应超过规范规定。人员、材料不要太集中。

(8)在防雷保护范围之外，应按规定安装防雷保护装置。

(9)脚手架拆除时，应设警戒区和醒目标志，有专人负责警戒；架体上的材料、杂物等应消除干净；架体若有松动或危险的部位，应予以先行加固，再进行拆除。

(10)拆除顺序应遵循"自上而下，后装的构件先拆，先装的后拆，一步一清"的原则，依次进行。不得上下同时拆除作业，严禁用踏步式、分段、分立面拆除法。

(11)拆下来的杆件、脚手板、安全网等应用运输设备运至地面，严禁从高处向下抛掷。

五、施工现场临时用电安全知识

1. 现场临时用电安全基本原则

(1)建筑施工现场的电工、电焊工属于特种作业工种，必须按国家有关规定经专门安全作业培训，取得特种作业操作资格证书，方可上岗作业。其他人员不得从事电气设备及电气线路的安装、维修和拆除。

(2)建筑施工现场必须采用 TN-S 接零保护系统，即具有专用保护零线(PE 线)、电源中性点直接接地的 220/380V 三相五线制系统。

(3)建筑施工现场必须按"三级配电二级保护"设置。

(4)施工现场的用电设备必须实行"一机、一闸、一漏、一箱"制，即每台用电设备必须有自己专用的开关箱，专用开关箱内必须设置独立的隔离开关和漏电保护器。

(5)严禁在高压线下方搭设临建、堆放材料和进行施工作业；在高压线一侧作业时，必须保持至少 6m 的水平距离，达不到上述距离时，必须采取隔离防护措施。

(6)在宿舍工棚、仓库、办公室内，严禁使用电饭煲、电水壶、电炉、电热杯等较大功率电器。如需使用，应由项目部安排专业电工在指定地点安装，可使用较高功率电器的电气线路和控制器。严禁使用不符合安全要求的电炉、电热棒等。

(7)严禁在宿舍内乱拉、乱接电源，非专职电工不准乱接或更换熔丝，不准以其他金属丝代替熔丝(保险丝)。

(8)严禁在电线上晾衣服和挂其他东西等。

(9)搬运较长的金属物体，如钢筋、钢管等材料时，应注意不要碰触到电线。

(10)在临近输电线路的建筑物上作业时，不能随便往下扔金属类杂物；更不能触摸、拉动电线或与电线接触的钢丝和电杆的拉线。

(11)移动金属梯子和操作平台时，要观察高处输电线路与移动物体的距离，确认有足够的安全距离，再进行作业。

(12)在地面或楼面上运送材料时,不要踏在电线上;停放手推车,堆放钢模板、跳板、钢筋时,不要压在电线上。

(13)移动有电源线的机械设备,如电焊机、水泵、小型木工机械等,必须先切断电源,不能带电搬动。

(14)当发现电线坠地或设备漏电时,切不可随意跑动和触摸金属物体,并应保持 10m 以上距离。

2. 安全电压

安全电压是为防止触电事故而采用的 50V 以下特定电源供电的电压系列,分为 42V、36V、24V、12V 和 6V 五个等级,根据不同的作业条件,选用不同的安全电压等级。建筑施工现场常用的安全电压有 12V、24V、36V。

以下特殊场所必须采用安全电压照明供电:

(1)室内灯具离地面低于 2.4m、手持照明灯具、一般潮湿作业场所(地下室、潮湿室内、潮湿楼梯、隧道、人防工程以及有高温、导电灰尘等)的照明,电源电压应不大于 36V。

(2)潮湿和易触及带电体场所的照明电源电压,应不大于 24V。

(3)在特别潮湿的场所、锅炉或金属容器内、导电良好的地面使用手持照明灯具等,照明电源电压不得大于 12V。

3. 电线的相色

(1)正确识别电线的相色。

电源线路可分为工作相线(火线)、专用工作零线和专用保护零线。一般情况下,工作相线(火线)带电危险,专用工作零线和专用保护零线不带电(但在不正常情况下,工作零线也可以带电)。

(2)相色规定。

一般相线(火线)分为 A、B、C 三相,分别为黄色、绿色、红色;工作零线为黑色;专用保护零线为黄绿双色线。

严禁用黄绿双色、黑色、蓝色线充当相线,也严禁用黄色、绿色、红色线作为工作零线和保护零线。

4. 插座的使用

要正确使用与安装插座。

(1)插座分类。

常用的插座分为单相双孔、单相三孔和三相三孔、三相四孔等。

(2)选用与安装接线。

①三孔插座应选用“品字形”结构,不应选用等边三角形排列的结构,因为后者容易发生三孔互换,造成触电事故。

②插座在电箱中安装时,必须首先固定安装在安装板上,接地极与箱体一起作可靠的 PE 保护。

③三孔或四孔插座的接地孔(较粗的一个孔),必须置于顶部位置,不可倒置,两孔插座应水平并列安装,不准垂直并列安装。

④插座接线要求:对于两孔插座,左孔接零线,右孔接相线;对于三孔插座,左孔接零线,右孔接相线,上孔接保护零线;对于四孔插座,上孔接保护零线,其他三孔分别接 A、B、C 三根相线。

5.“用电示警”标志

正确识别“用电示警”标志或标牌,不得随意靠近、随意损坏和挪动标牌(表 3-1)。进入施工现场的每个人都必须认真遵守用电管理规定,见到用电示警标志或标牌时,不得随意靠近,更不准随意损坏、挪动标牌。

表 3-1　　用电示警标志分类和使用

分类＼使用	颜色	使用场所
常用电力标志	红色	配电房、发电机房、变压器等重要场所
高压示警标志	字体为黑色，箭头和边框为红色	需高压示警场所
配电房示警标志	字体为红色，边框为黑色（或字与边框交换颜色）	配电房或发电机房
维护检修示警标志	底为红色，字为白色（或字为红色，底为白色，边框为黑色）	维护检修时相关场所
其他用电示警标志	箭头为红色，边框为黑色，字为红色或黑色	其他一般用电场所

6. 电气线路的安全技术措施

（1）施工现场电气线路全部采用“三相五线制”（TN-S 系统）专用保护接零（PE 线）系统供电。

（2）施工现场架空线采用绝缘铜线。

（3）架空线设在专用电杆上，严禁架设在树木、脚手架上。

（4）导线与地面保持足够的安全距离。

导线与地面最小垂直距离：施工现场应不小于 4m；机动车道应不小于 6m；铁路轨道应不小于 7.5m。

（5）无法保证规定的电气安全距离时，必须采取防护措施。

如果由于在建工程位置限制而无法保证规定的电气安全距离，必须采取设置防护性遮拦、栅栏，悬挂警告标志牌等防护措施，发生高压线断线落地时，非检修人员要远离落地处 10m 以外，以防跨步电压危害。

(6)为了防止设备外壳带电发生触电事故，设备应采用保护接零，并安装漏电保护器等措施。作业人员要经常检查保护零线连接是否牢固可靠，漏电保护器是否有效。

(7)在电箱等用电危险地方，挂设安全警示牌。如“有电危险”“禁止合闸，有人工作”等。

7. 照明用电的安全技术措施

施工现场临时照明用电的安全要求如下：

(1)临时照明线路必须使用绝缘导线。户内(工棚)临时线路的导线必须安装在离地 2m 以上的支架上；户外临时线路必须安装在离地 2.5m 以上的支架上，零星照明线不允许使用花线，一般应使用软电缆线。

(2)建设工程的照明灯具宜采用拉线开关。拉线开关距地面高度为 2～3m，与出口、入口的水平距离为 0.15～0.2m。

(3)严禁在床头设立开关和插座。

(4)电器、灯具的相线必须经过开关控制。

不得将相线直接引入灯具，也不允许以电气插头代替开关来分合电路，室外灯具距地面不得低于 3m；室内灯具不得低于 2.4m。

(5)使用手持照明灯具(行灯)应符合一定的要求：

①电源电压不超过 36V。

②灯体与手柄应坚固，绝缘良好，并耐热防潮湿。

③灯头与灯体结合牢固。

④灯泡外部要有金属保护网。

⑤金属网、反光罩、悬吊挂钩应固定在灯具的绝缘部位上。

(6)照明系统中每一单相回路上,灯具和插座数量不宜超过25个,并应装设熔断电流为15A以下的熔断保护器。

8. 配电箱与开关箱的安全技术措施

施工现场临时用电一般采用三级配电方式,即总配电箱(或配电室),下设分配电箱,再以下设开关箱,开关箱以下就是用电设备。

配电箱和开关箱的使用安全要求如下:

(1)配电箱、开关箱的箱体材料,一般应选用钢板,亦可选用绝缘板,但不宜选用木质材料。

(2)配电箱、开关箱应安装端正、牢固,不得倒置、歪斜。

固定式配电箱、开关箱的下底与地面垂直距离应大于或等于1.3m且小于或等于1.5m;移动式配电箱、开关箱的下底与地面的垂直距离应大于或等于0.6m且小于或等于1.5m。

(3)进入开关箱的电源线,严禁用插销连接。

(4)电箱之间的距离不宜太远。

配电箱与开关箱的距离不得超过30m。开关箱与固定式用电设备的水平距离不宜超过3m。

(5)每台用电设备应有各自专用的开关箱,且必须满足“一机、一闸、一漏、一箱”的要求,严禁用同一个开关电器直接控制两台及两台以上用电设备(含插座)。

开关箱中必须设漏电保护器,其额定漏电动作电流应不大于30mA,漏电动作时间应不大于0.1s。

(6)所有配电箱门应配锁,不得在配电箱和开关箱内挂接或插接其他临时用电设备,开关箱内严禁放置杂物。

(7)配电箱、开关箱的接线应由电工操作,非电工人员不得乱接。

9. 配电箱和开关箱的使用要求

（1）在停电、送电时，配电箱、开关箱之间应遵守合理的操作顺序。

送电操作顺序：总配电箱→分配电箱→开关箱。

断电操作顺序：开关箱→分配电箱→总配电箱。

正常情况下，停电时首先分断自动开关，然后分断隔离开关；送电时先合隔离开关，后合自动开关。

（2）使用配电箱、开关箱时，操作者应接受岗前培训，熟悉所使用设备的电气性能和掌握有关开关的正确操作方法。

（3）及时检查、维修，更换熔断器的熔丝必须用原规格的熔丝，严禁用铜线、铁线代替。

（4）配电箱的工作环境应经常保持设置时的要求，不得在其周围堆放任何杂物，保持必要的操作空间和通道。

（5）维修机器停电作业时，要与电源负责人联系停电，要悬挂警示标志，卸下保险丝，锁上开关箱。

10. 手持电动机具的安全使用要求

（1）一般场所应选用Ⅰ类手持式电动工具，并应装设额定漏电动作电流不大于15mA、额定漏电动作时间小于0.1s的漏电保护器。

（2）在露天、潮湿场所或金属构架上操作时，必须选用Ⅱ类手持式电动工具，并装设漏电保护器，严禁使用Ⅰ类手持式电动工具。

（3）负荷线必须采用耐用的橡皮护套铜芯软电缆。

单相用三芯（其中一芯为保护零线）电缆；三相用四芯（其中一芯为保护零线）电缆；电缆不得有破损或老化现象，中间不得有接头。

(4)手持电动工具应配备装有专用的电源开关和漏电保护器的开关箱,严禁一台开关接两台以上设备,其电源开关应采用双刀控制。

(5)手持电动工具开关箱内应采用插座连接,其插头、插座应无损坏、无裂纹,且绝缘良好。

(6)使用手持电动工具前,必须检查外壳、手柄、负荷线、插头等是否完好无损,接线是否正确(防止相线与零线错接);发现工具外壳、手柄破裂,应立即停止使用并进行更换。

(7)非专职人员不得擅自拆卸和修理工具。

(8)作业人员使用手持电动工具时,应穿绝缘鞋,戴绝缘手套,操作时握其手柄,不得利用电缆提拉。

(9)长期搁置不用或受潮的工具在使用前应由电工测量绝缘阻值是否符合要求。

11. 触电事故及原因分析

(1)缺乏电气安全知识,自我保护意识淡薄。

电气设施安装或接线不是由专业电工操作,而是由非专业人员安装。安装人又无基本的电气安全知识,装设不符合电气基本要求,造成意外的触电事故。发生这种触电事故的原因都是缺乏电气安全知识,无自我保护意识。

(2)违反安全操作规程。

施工现场中,有人图方便,不用插头,在电箱乱拉乱接电线。还有人在宿舍私自拉接电线照明,在床上接音响设备、电风扇,有的甚至烧水、做饭等,极易造成触电事故。也有人凭经验用手去试探电器是否带电或不采取安全措施带电作业,或带着侥幸心理,在带电体(如高压线)周围,不采取任何安全措施,违章作业，造成触电事故等。

(3)不使用“TN-S”接零保护系统。

有的工地未使用“TN-S”接零保护系统，或者未按要求连接专用保护接零线，无有效地安全保护系统。不按“三级配电二级保护”“一机、一闸、一漏、一箱”设置，造成工地用电使用混乱，易造成误操作，并且在触电时，使得安全保护系统未起可靠的安全保护效果。

(4)电气设备安装不合格。

电气设备安装必须遵守安全技术规定，否则由于安装错误，当人身接触带电部分时，就会造成触电事故。如电线高度不符合安全要求，太低，架空线乱拉、乱扯，有的还将电线拴在脚手架上，导线的接头只用老化的绝缘布包上，以及电气设备没有做保护接地、保护接零等，一旦漏电就会发生严重触电事故。

(5)电气设备缺乏正常检修和维护。

由于电气设备长期使用，易出现电气绝缘老化、导线裸露、胶盖刀闸胶木破损、插座盖子损坏等。如不及时检修，一旦漏电，将造成严重后果。

(6)偶然因素。

电力线被风刮断，导线接触地面引起跨步电压，当人走近该地区时就会发生触电事故。

六、起重吊装机械安全操作常识

1. 基本要求

塔式起重机、施工电梯、物料提升机等施工起重机械的操作(也称为司机)、指挥、司索等作业人员属特种作业，必须按国家有关规定经专门安全作业培训，取得特种作业操作资格证书，方可上岗作业。

施工起重机械（也称垂直运输设备）必须由有相应的制造（生产）许可证的企业生产，并有出厂合格证。其安装、拆除、加高及附墙施工作业，必须由有相应作业资格的队伍作业，作业人员必须按国家有关规定经专门安全作业培训，取得特种作业操作资格证书，方可上岗作业。其他非专业人员不得上岗作业。安装、拆卸、加高及附墙施工作业前，必须有经审批、审查的施工方案，并进行方案及安全技术交底。

2. 塔式起重机使用安全常识

（1）起重机“十不吊”。

①起重臂和吊起的重物下面有人停留或行走不准吊。

②起重指挥应由技术培训合格的专职人员担任，无指挥或信号不清不准吊。

③钢筋、型钢、管材等细长和多根物件必须捆扎牢靠，多点起吊。单头“千斤”或捆扎不牢靠不准吊。

④多孔板、积灰斗、手推翻斗车不用四点吊或大模板外挂板不用卸甲不准吊。预制钢筋混凝土楼板不准双拼吊。

⑤吊砌块必须使用安全可靠的砌块夹具，吊砖必须使用砖笼，并堆放整齐。木砖、预埋件等零星物件要用盛器堆放稳妥，叠放不齐不准吊。

⑥楼板、大梁等吊物上站人不准吊。

⑦埋入地下的板桩、井点管等以及粘连、附着的物件不准吊。

⑧多机作业，应保证所吊重物距离不小于 3m，在同一轨道上多机作业，无安全措施不准吊。

⑨六级以上强风不准吊。

(8)构件存放场地应该平整坚实。构件叠放用方木垫平，必须稳固，不准超高(一般不宜超过 1.6m)。构件存放除设置垫木外，必要时要设置相应的支撑，提高其稳定性。禁止无关人员在堆放的构件中穿行，防止发生构件倒塌挤人事故。

(9)在露天遇六级以上大风或大雨、大雪、大雾等天气时，应停止起重吊装作业。

(10)起重机作业时，起重臂和吊物下方严禁有人停留、工作或通过。重物吊运时，严禁人从上方通过。严禁用起重机载运人员。

(11)经常使用的起重工具注意事项。

①手动倒链：操作人员应经培训合格后方可上岗作业，吊物时应挂牢后慢慢拉动倒链，不得斜向拽拉。当一人拉不动时，应查明原因，禁止多人一齐猛拉。

②手搬葫芦：操作人员应经培训合格后方可上岗作业，使用前检查自锁夹钳装置的可靠性，当夹紧钢丝绳后，应能往复运动，否则禁止使用。

③千斤顶：操作人员应经培训合格后方可上岗作业，千斤顶置于平整坚实的地面上，并垫木板或钢板，防止地面沉陷。顶部与光滑物接触面应垫硬木，防止滑动。开始操作应逐渐顶升，注意防止顶歪，始终保持重物的平衡。

七、中小型施工机械安全操作常识

1. 基本安全操作要求

施工机械的使用必须按“定人、定机”制度执行。操作人员必须经培训合格，方可上岗作业，其他人员不得擅自使用。机械使用前，必须对机械设备进行检查，各部位确认完好无损，并空载试运行，符合安全技术要求，方可使用。

施工现场机械设备必须按其控制的要求，配备符合规定的控制设备，严禁使用倒顺开关。在使用机械设备时，必须严格按照安全操作规程，严禁违章作业；发现有故障、有异常响动、温度异常升高时，都必须立即停机，经过专业人员维修，并检验合格后，方可重新投入使用。

操作人员应做到“调整、紧固、润滑、清洁、防腐”十字作业的要求，按有关要求对机械设备进行保养。操作人员在作业时，不得擅自离开工作岗位。下班时，应先将机械停止运行，然后断开电源，锁好电箱，方可离开。

2. 混凝土(砂浆)搅拌机安全操作要求

(1)搅拌机的安装一定要平稳、牢固。长期固定使用时，应埋置地脚螺栓；短期使用时，应在机座上铺设木枕或撑架找平，牢固放置。

(2)料斗提升时，严禁在料斗下工作或穿行。清理料斗坑时，必须先切断电源，锁好电箱，并将料斗双保险钩挂牢或插上保险插销。

(3)运转时，严禁将头或手伸入料斗与机架之间查看，不得用工具或物件伸入搅拌筒内。

(4)运转中严禁保养维修。维修保养搅拌机，必须拉闸断电，锁好电箱，挂好“有人工作，严禁合闸”牌，并有专人监护。

3. 混凝土振动器安全操作要求

常用的混凝土振动器有插入式和平板式。

(1)振动器应安装漏电保护装置，保护接零应牢固可靠。作业时操作人员应穿戴绝缘胶鞋和绝缘手套。

(2)使用前,应检查各部位无损伤,并确认连接牢固,旋转方向正确。

(3)电缆线应满足操作所需的长度。严禁用电缆线拖拉或吊挂振动器。振动器不得在初凝的混凝土、地板、脚手架和干硬的地面上进行试振。在检修或作业间断时,应断开电源。

(4)作业时,振动棒软管的弯曲半径不得小于500mm,并不得多于两个弯,操作时应将振动棒垂直地沉入混凝土,不得用力硬插、斜推或让钢筋夹住棒头,也不得全部插入混凝土中,插入深度不应超过棒长的3/4,不宜触及钢筋、芯管及预埋件。

(5)作业停止需移动振动器时,应先关闭电动机,再切断电源。不得用软管拖拉电动机。

(6)平板式振动器工作时,应使平板与混凝土保持接触,待表面出浆,不再下沉后,即可缓慢移动;运转时,不得搁置在已凝或初凝的混凝土上。

(7)移动平板式振动器应使用干燥绝缘的拉绳,不得用脚踢电动机。

4. 钢筋切断机安全操作要求

(1)机械未达到正常转速时,不得切料。切料时,应使用切刀的中、下部位,紧握钢筋对准刃口迅速投入,操作者应站在固定刀片一侧用力压住钢筋,应防止钢筋末端弹出伤人。严禁用两手在刀片两边握住钢筋俯身送料。

(2)不得剪切直径及强度超过机械铭牌规定的钢筋和烧红的钢筋。一次切断多根钢筋时,其总截面积应在规定范围内。

(3)切断短料时,手和切刀之间的距离应保持在150mm以上,如手握端小于400mm时,应采用套管或夹具将钢筋短头压住或夹牢。

(4)运转中严禁用手直接清除切刀附近的断头和杂物。钢筋摆动周围和切刀周围,不得停留非操作人员。

5. 钢筋弯曲机安全操作要求

(1)应按加工钢筋的直径和弯曲半径的要求,装好相应规格的芯轴和成型轴、挡铁轴。芯轴直径应为钢筋直径的 2.5 倍。挡铁轴应有轴套,挡铁轴的直径和强度不得小于被弯钢筋的直径和强度。

(2)作业时,应将钢筋需弯曲一端插入转盘固定销的间隙内,另一端紧靠机身固定销,并用手压紧;应检查机身固定销并确认安放在挡住钢筋的一侧,方可开动。

(3)作业中,严禁更换轴芯、销子和变换角度以及调整,也不得进行清扫和加油。

(4)对超过机械铭牌规定直径的钢筋严禁进行弯曲。不直的钢筋不得在弯曲机上弯曲。

(5)在弯曲钢筋的作业半径内和机身不设固定销的一侧严禁站人。

(6)转盘换向时,应待停稳后进行。

(7)作业后,应及时清除转盘及插入座孔内的铁锈、杂物等。

6. 钢筋调直切断机安全操作要求

(1)应按调直钢筋的直径,选用适当的调直块及传动速度。调直块的孔径应比钢筋直径大 2～5mm,传动速度应根据钢筋直径选用,直径大的宜选用慢速,经调试合格,方可作业。

(2)在调直块未固定、防护罩未盖好前不得送料。作业中严禁打开各部防护罩并调整间隙。

(3)当钢筋送入后,手与轮应保持一定的距离,不得接近。

(4)送料前应将不直的钢筋端头切除。导向筒前应安装一根1m长的钢管,钢筋应穿过钢管再送入调直机前端的导孔内。

7. 钢筋冷拉安全操作要求

(1)卷扬机的位置应使操作人员能见到全部的冷拉场地,卷扬机与冷拉中线的距离不得少于5m。

(2)冷拉场地应在两端地锚外侧设置警戒区,并应安装防护栏及醒目的警示标志。严禁非作业人员在此停留。操作人员在作业时必须离开钢筋2m以外。

(3)卷扬机操作人员必须看到指挥人员发出的信号,并待所有的人员离开危险区后方可作业。冷拉应缓慢、均匀。当有停车信号或有人进入危险区时,应立即停拉,并稍稍放松卷扬机钢丝绳。

(4)夜间作业的照明设施,应装设在张拉危险区外。当需要装设在场地上空时,其高度应超过5m。灯泡应加防护罩。

8. 圆盘锯安全操作要求

(1)锯片必须平整,锯齿尖锐,不得连续缺齿2个,裂纹长度不得超过20mm。

(2)被锯木料厚度,以锯片能露出木料10～20mm为限。

(3)启动后,必须等待转速正常后,方可进行锯料。

(4)关料时,不得将木料左右晃动或者高抬,遇木节要慢送料。锯料长度不小于500mm。接近端头时,应用推棍送料。

(5)若锯线走偏,应逐渐纠正,不得猛扳。

(6)操作人员不应站在锯片同一直线上操作。手臂不得跨越锯片工作。

9. 蛙式夯实机安全操作要求

(1)夯实作业时,应一人扶夯,一人传递电缆线,且必须戴绝缘手套和穿绝缘鞋。电缆线不得扭结或缠绕,且不得张拉过紧,应保持有 3～4m 的余量。移动时,应将电缆线移至夯机后方,不得隔机扔电缆线,当转向困难时,应停机调整。

(2)作业时,手握扶手应保持机身平衡,不得用力向后压,并应随时调整行进方向。转弯时不宜用力过猛,不得急转弯。

(3)夯实填高土方时,应在边缘以内 100～150mm 夯实 2～3 遍后,再夯实边缘。

(4)在较大基坑作业时,不得在斜坡上夯行,应避免造成夯头后折。

(5)夯实房心土时,夯板应避开房心地下构筑物、钢筋混凝土基桩、机座及地下管道等。

(6)在建筑物内部作业时,夯板或偏心块不得打在墙壁上。

(7)多机作业时,机平列间距不得小于 5m,前后间距不得小于 10m。

(8)夯机前进方向和夯机四周 1m 范围内,不得站立非操作人员。

10. 振动冲击夯安全操作要求

(1)内燃冲击夯启动后,内燃机应慢速运转 3～5min,然后逐渐加大油门,待夯机跳动稳定后,方可作业。

(2)电动冲击夯在接通电源启动后,应检查电动机旋转方向,有错误时应倒换相联系线。

(3)作业时应正确掌握夯机,不得倾斜,手把不宜握得过紧,能控制夯机前进速度即可。

(4)正常作业时,不得使劲往下压手把,以免影响夯机跳起高度。在较松的填料上作业或上坡时,可将手把稍向下压,增加夯机前进速度。

(5)电动冲击夯操作人员必须戴绝缘手套,穿绝缘鞋。作业时,电缆线不应拉得过紧,应经常检查线头安装,不得松动及引起漏电。严禁冒雨作业。

11. 潜水泵安全操作要求

(1)潜水泵宜先装在坚固的篮筐里再放入水中,亦可在水中将泵的四周设立坚固的防护围网。泵应直立于水中,水深不得小于0.5m,不得在含有泥沙的水中使用。

(2)潜水泵放入水中或提出水面时,应先切断电源,严禁拉拽电缆或出水管。

(3)潜水泵应装设保护接零和漏电保护装置,工作时泵周围30m以内水面,不得有人、畜进入。

(4)应经常观察水位变化,叶轮中心至水平距离应在0.5~3.0m之间,泵体不得陷入污泥或露出水面。电缆不得与井壁、池壁相擦。

(5)每周应测定一次电动机定子绕组的绝缘电阻,其值应无下降。

12. 交流电焊机安全操作要求

(1)外壳必须有保护接零,应有二次空载降压保护器和触电保护器。

(2)电源应使用自动开关,接线板应无损坏,有防护罩。一次线长度不超过5m,二次线长度不得超过30m。

(3)焊接现场10m范围内,不得有易燃、易爆物品。

(4)雨天不得室外作业。在潮湿地点焊接时,要站在胶板或其他绝缘材料上。

(5)移动电焊机时,应切断电源,不得用拖拉电缆的方法移动。当焊接中突然停电时,应立即切断电源。

13. 气焊设备安全操作要求

(1)氧气瓶与乙炔瓶使用时的间距不得小于 5m,存放时的间距不得小于 3m,并且距高温、明火等不得小于 10m;达不到上述要求时,应采取隔离措施。

(2)乙炔瓶存放和使用必须立放,严禁倒放。

(3)在移动气瓶时,应使用专门的抬架或小推车;严禁氧气瓶与乙炔瓶混合搬运;禁止直接使用钢丝绳、链条捆绑搬运。

(4)开关气瓶应使用专用工具。

(5)严禁敲击、碰撞气瓶,作业人员工作时不得吸烟。

第4部分　相关法律法规及务工常识

一、相关法律法规(摘录)

1. 中华人民共和国建筑法(摘录)

第三十六条　建筑工程安全生产管理必须坚持安全第一、预防为主的方针，建立健全安全生产的责任制度和群防群治制度。

第四十四条　建筑施工企业必须依法加强对建筑安全生产的管理，执行安全生产责任制度，采取有效措施，防止伤亡和其他安全生产事故的发生。

建筑施工企业的法定代表人对本企业的安全生产负责。

第四十六条　建筑施工企业应当建立健全劳动安全生产教育培训制度，加强对职工安全生产的教育培训；未经安全生产教育培训的人员，不得上岗作业。

第四十七条　建筑施工企业和作业人员在施工过程中，应当遵守有关安全生产的法律、法规和建筑行业安全规章、规程，不得违章指挥或者违章作业。作业人员有权对影响人身健康的作业程序和作业条件提出改进意见，有权获得安全生产所需的防护用品。作业人员对危及生命安全和人身健康的行为有权提出批评、检举和控告。

第四十八条　建筑施工企业应当依法为职工参加工伤保险，缴纳工伤保险费，鼓励企业为从事危险作业的职工办理意外伤害保险，支付保险费。

第五十一条　施工中发生事故时，建筑施工企业应当采取紧急措施减少人员伤亡和事故损失，并按照国家有关规定及时向有关部门报告。

2. 中华人民共和国劳动法（摘录）

第三条　劳动者享有平等就业和选择职业的权利、取得劳动报酬的权利、休息休假的权利、获得劳动安全卫生保护的权利、接受职业技能培训的权利、享受社会保险和福利的权利、提请劳动争议处理的权利以及法律规定的其他劳动权利。劳动者应当完成劳动任务，提高职业技能，执行劳动安全卫生规程，遵守劳动纪律和职业道德。

第十五条　禁止用人单位招用未满十六周岁的未成年人。

第十六条　劳动合同是劳动者与用人单位确立劳动关系、明确双方权利和义务的协议。

建立劳动关系应当订立劳动合同。

第五十四条　用人单位必须为劳动者提供符合国家规定的劳动安全卫生条件和必要的劳动防护用品，对从事有职业危害作业的劳动者应当定期进行健康检查。

第五十五条　从事特种作业的劳动者必须经过专门培训并取得特种作业资格。

第五十六条　劳动者在劳动过程中必须严格遵守安全操作规程。劳动者对用人单位管理人员违章指挥、强令冒险作业，有权拒绝执行；对危害生命安全和身体健康的行为，有权提出批评、检举和控告。

第五十八条　国家对女职工和未成年工实行特殊劳动保护。

未成年工是指年满十六周岁、未满十八周岁的劳动者。

第六十八条　用人单位应当建立职业培训制度，按照国家规定提取和使用职业培训经费，根据本单位实际，有计划地对劳动者进行职业培训。从事技术工种的劳动者，上岗前必须经过培训。

第七十二条　用人单位和劳动者必须依法参加社会保险，缴纳社会保险费。

第七十七条　用人单位与劳动者发生劳动争议，当事人可以依法申请调解、仲裁、提起诉讼，也可协商解决。调解原则适用于仲裁和诉讼程序。

3. 中华人民共和国安全生产法（摘录）

第六条　生产经营单位的从业人员有依法获得安全生产保障的权利，并应当依法履行安全生产方面的义务。

第十七条　生产经营单位应当具备本法和有关法律、行政法规和国家标准或者行业标准规定的安全生产条件；不具备安全生产条件的，不得从事生产经营活动。

第十八条　生产经营单位的主要负责人对本单位安全生产工作负有下列职责：

（一）建立、健全本单位安全生产责任制；

（二）组织制定本单位安全生产规章制度和操作规程；

（三）组织制定并实施本单位安全生产教育和培训计划；

（四）保证本单位安全生产投入的有效实施；

（五）督促、检查本单位的安全生产工作，及时消除生产安全事故隐患；

（六）组织制定并实施本单位的生产安全事故应急救援预案；

（七）及时、如实报告生产安全事故。

第二十五条　生产经营单位应当对从业人员进行安全生产教育和培训，保证从业人员具备必要的安全生产知识，熟悉有关的安全生产规章制度和安全操作规程，掌握本岗位的安全操作技能，了解事故应急处理措施，知悉自身在安全生产方面的权利和义务。未经安全生产教育和培训合格的从业人员，不得上岗作业。

第二十七条　生产经营单位的特种作业人员必须按照国家有关规定经专门的安全作业培训，取得相应资格，方可上岗作业。

特种作业人员的范围由国务院安全生产监督管理部门会同国务院有关部门确定。

第四十一条　生产经营单位应当教育和督促从业人员严格执行本单位的安全生产规章制度和安全操作规程；并向从业人员如实告知作业场所和工作岗位存在的危险因素、防范措施以及事故应急措施。

第四十二条　生产经营单位必须为从业人员提供符合国家标准或者行业标准的劳动防护用品，并监督、教育从业人员按照使用规则佩戴、使用。

第四十四条　生产经营单位应当安排用于配备劳动防护用品、进行安全生产培训的经费。

第四十八条　生产经营单位必须依法参加工伤保险，为从业人员缴纳保险费。

国家鼓励生产经营单位投保安全生产责任保险。

第四十九条　生产经营单位与从业人员订立的劳动合同，应当载明有关保障从业人员劳动安全、防止职业危害的事项，以及依法为从业人员办理工伤保险的事项。

生产经营单位不得以任何形式与从业人员订立协议，免除或者减轻其对从业人员因生产安全事故伤亡依法应承担的责任。

第五十条　生产经营单位的从业人员有权了解其作业场所和工作岗位存在的危险因素、防范措施及事故应急措施，有权对本单位的安全生产工作提出建议。

第五十一条　从业人员有权对本单位安全生产工作中存在的问题提出批评、检举、控告，有权拒绝违章指挥和强令冒险作业。

生产经营单位不得因从业人员对本单位安全生产工作提出批评、检举、控告或者拒绝违章指挥、强令冒险作业而降低其工资、福利等待遇，或者解除与其订立的劳动合同。

第五十二条　从业人员发现直接危及人身安全的紧急情况时，有权停止作业或者在采取可能的应急措施后撤离作业场所。

生产经营单位不得因从业人员在前款紧急情况下停止作业或者采取紧急撤离措施而降低其工资、福利等待遇或者解除与其订立的劳动合同。

第五十三条　因生产安全事故受到损害的从业人员，除依法享有工伤保险外，依照有关民事法律尚有获得赔偿的权利的，有权向本单位提出赔偿要求。

第五十四条　从业人员在作业过程中，应当严格遵守本单位的安全生产规章制度和操作规程，服从管理，正确佩戴和使用劳动防护用品。

第五十五条　从业人员应当接受安全生产教育和培训，掌握本职工作所需的安全生产知识，提高安全生产技能，增强事故预防和应急处理能力。

第五十六条　从业人员发现事故隐患或者其他不安全因

素，应当立即向现场安全生产管理人员或者本单位负责人报告；接到报告的人员应当及时予以处理。

4. 建设工程安全生产管理条例(摘录)

第十八条　施工起重机械和整体提升脚手架、模板等自升式架设设施的使用达到国家规定的检验、检测期限的，必须经具有专业资质的检验、检测机构检测。经检测不合格的，不得继续使用。

第二十五条　垂直运输机械作业人员、安装拆卸工、爆破作业人员、起重信号工、登高架设作业人员等特种作业人员，必须按照国家有关规定经过专门的安全作业培训，并取得特种作业操作资格证书后，方可上岗作业。

第二十七条　建设工程施工前，施工单位负责项目管理的技术人员应当对有关安全施工的技术要求向施工作业班组、作业人员做出详细说明，并由双方签字确认。

第二十八条　施工单位应当在施工现场入口处、施工起重机械、临时用电设施、脚手架、出入通道口、楼梯口、电梯井口、孔洞口、桥梁口、隧道口、基坑边沿、爆破物及有害危险气体和液体存放处等危险部位，设置明显的安全警示标志。安全标志必须符合国家标准。

第二十九条　施工单位应当将施工现场的办公、生活区与作业区分开设置，并保持安全距离；办公、生活区的选择应当符合安全性要求。职工的膳食、饮水、休息场所等应当符合卫生标准。施工单位不得在尚未竣工的建筑物内设置员工集体宿舍。

施工现场临时搭建的建筑物应当符合安全使用要求。施工现场使用的装配式活动房屋应当具有产品合格证。

第三十二条　施工单位应当向作业人员提供安全防护用具

和安全防护服装，并书面告知危险岗位的操作规程和违章操作的危害。

作业人员有权对施工现场的作业条件、作业程序和作业方式中存在的安全问题提出批评、检举和控告，有权拒绝违章指挥和强令冒险作业。

在施工中发生危及人身安全的紧急情况时，作业人员有权立即停止作业或者在采取必要的应急措施后撤离危险区域。

第三十三条　作业人员应当遵守安全施工的强制性标准、规章制度和操作规程，正确使用安全防护用具、机械设备等。

第三十六条　施工单位应当对管理人员和作业人员每年至少进行一次安全生产教育培训，其教育培训情况记入个人工作档案。安全生产教育培训考核不合格的人员，不得上岗。

第三十七条　作业人员进入新的岗位或者新的施工现场前，应当接受安全生产教育培训。未经教育培训或者教育培训考核不合格的人员，不得上岗作业。

施工单位在采用新技术、新工艺、新设备、新材料时，应当对作业人员进行相应的安全生产教育培训。

第三十八条　施工单位应当为施工现场从事危险作业的人员办理意外伤害保险。

意外伤害保险费由施工单位支付。

5. 工伤保险条例（摘录）

第二条　中华人民共和国境内的企业、事业单位、社会团体、民办非企业单位、基金会、律师事务所、会计师事务所等组织和有雇工的个体工商户（以下称用人单位）应当依照本条例规定参加工伤保险，为本单位全部职工或者雇工（以下称职工）缴纳工伤保险费。

中华人民共和国境内的企业、事业单位、社会团体、民办非企业单位、基金会、律师事务所、会计师事务所等组织的职工和个体工商户的雇工,均有依照本条例的规定享受工伤保险待遇的权利。

第十条　用人单位应当按时缴纳工伤保险费。职工个人不缴纳工伤保险费。

第二十一条　职工发生工伤,经治疗伤情相对稳定后存在残疾、影响劳动能力的,应当进行劳动能力鉴定。

第三十条　职工因工作遭受事故伤害或者患职业病进行治疗,享受工伤医疗待遇……

二、务工就业及社会保险

1. 劳动合同

(1)用人单位应当依法与劳动者签订劳动合同。

劳动合同是劳动者与用人单位确立劳动关系、明确双方权利和义务的协议。建立劳动关系应当订立劳动合同。订立和变更劳动合同,应遵循平等自愿、协商一致的原则,不得违反法律、行政法规的规定。劳动合同应当具备以下必备条款:

①劳动合同期限。即劳动合同的有效时间。

②工作内容。即劳动者在劳动合同有效期内所从事的工作岗位(工种),以及工作应达到的数量、质量指标或者应当完成的任务。

③劳动保护和劳动条件。即为了保障劳动者在劳动过程中的安全、卫生及其他劳动条件,用人单位根据国家有关法律、法规而采取的各项保护措施。

④劳动报酬。即在劳动者提供了正常劳动的情况下,用人

单位应当支付的工资。

⑤劳动纪律。即劳动者在劳动过程中必须遵守的工作秩序和规则。

⑥劳动合同终止的条件。即除了期限以外其他由当事人约定的特定法律事实，这些事实一出现，双方当事人之间的权利义务关系终止。

⑦违反劳动合同的责任。即当事人不履行劳动合同或者不完全履行劳动合同，所应承担的相应法律责任。

(2)试用期应包括在劳动合同期限之中。

根据《中华人民共和国劳动法》(以下简称《劳动法》)规定，用人单位与劳动者签订的劳动合同期限可以分为三类：

①有固定期限，即在合同中明确约定效力期间，期限可长可短，长到几年、十几年，短到一年或者几个月。

②无固定期限，即劳动合同中只约定了起始日期，没有约定具体终止日期。无固定期限劳动合同可以依法约定终止劳动合同条件，在履行中只要不出现约定的终止条件或法律规定的解除条件，一般不能解除或终止，劳动关系可以一直存续到劳动者退休为止。

③以完成一定的工作为期限，即以完成某项工作或者某项工程为有效期限，该项工作或者工程一经完成，劳动合同即终止。

签订劳动合同可以不约定试用期，也可以约定试用期，但试用期最长不得超过6个月。劳动合同期限在6个月以下的，试用期不得超过15日；劳动合同期限在6个月以上1年以下的，试用期不得超过30日；劳动合同期限在1年以上2年以下的，试用期不得超过60日。试用期包括在劳动合同期限中。非全日制劳动合同，不得约定试用期。

(3)订立劳动合同时，用人单位不得向劳动者收取定金、保证金或扣留居民身份证。

根据劳动保障部《劳动力市场管理规定》，禁止用人单位招用人员时向求职者收取招聘费用、向被录用人员收取保证金或抵押金、扣押被录用人员的身份证等证件。用人单位违反规定的，由劳动保障行政部门责令改正，并可处以1000元以下罚款；对当事人造成损害的，应承担赔偿责任。

(4)劳动者不必履行无效的劳动合同。

①无效的劳动合同是指不具有法律效力的劳动合同。根据《劳动法》的规定，下列劳动合同无效：

a. 违反法律、行政法规的劳动合同。

b. 采取欺诈、威胁等手段订立的劳动合同。劳动合同的无效，由劳动争议仲裁委员会或者人民法院确认。无效的劳动合同，从订立的时候起，就没有法律约束力。也就是说，劳动者自始至终都无须履行无效劳动合同。确认劳动合同部分无效的，如果不影响其余部分的效力，其余部分仍然有效。

②由于用人单位的原因订立的无效合同，对劳动者造成损害的，应当承担赔偿责任。具体包括：

a. 造成劳动者工资收入损失的，按劳动者本人应得工资收入支付给劳动者，并加付应得工资收入25%的赔偿费用。

b. 造成劳动者劳动保护待遇损失的，应按国家规定补足劳动者的劳动保护津贴和用品。

c. 造成劳动者工伤、医疗待遇损失的，除按国家规定为劳动者提供工伤、医疗待遇外，还应支付劳动者相当于医疗费用25%的赔偿费用。

d. 造成女职工和未成年工身体健康损害的，除按国家规定提供治疗期间的医疗待遇外，还应支付相当于其医疗费用25%

的赔偿费用。

e. 劳动合同约定的其他赔偿费用。

(5)用人单位不得随意变更劳动合同。

劳动合同的变更，是指劳动关系双方当事人就已订立的劳动合同的部分条款达成修改、补充或者废止协定的法律行为。《劳动法》规定，变更劳动合同，应当遵循平等自愿、协商一致的原则，不得违反法律、行政法规的规定。经双方协商同意依法变更后的劳动合同继续有效，对双方当事人都有约束力。

(6)解除劳动合同应当符合《劳动法》的规定。

劳动合同的解除，是指劳动合同有效成立后至终止前这段时期内，当具备法律规定的劳动合同解除条件时，因用人单位或劳动者一方或双方提出，而提前解除双方的劳动关系。根据《劳动法》的规定，劳动者可以和用人单位协商解除劳动合同，也可以在符合法律规定的情况下单方解除劳动合同。

①劳动者单方解除。

a.《劳动法》第三十一条规定：劳动者解除劳动合同，应当提前三十日以书面形式通知用人单位。这是劳动者解除劳动合同的条件和程序。劳动者提前三十日以书面形式通知用人单位解除劳动合同，无须征得用人单位的同意，用人单位应及时办理有关解除劳动合同的手续。但由于劳动者违反劳动合同的有关约定而给用人单位造成经济损失的，应依据有关规定和劳动合同的约定，由劳动者承担赔偿责任。

b.《劳动法》第三十二条规定：有下列情形之一的，劳动者可以随时通知用人单位解除劳动合同：

(a)在试用期内的；

(b)用人单位以暴力、威胁或者非法限制人身自由的手段强迫劳动的；

(c)用人单位未按照劳动合同约定支付劳动报酬或者提供劳动条件的。

②用人单位单方解除。

a.《劳动法》第二十五条规定，劳动者有下列情形之一的，用人单位可以解除劳动合同：

(a)在试用期间被证明不符合录用条件的；

(b)严重违反劳动纪律或者用人单位规章制度的；

(c)严重失职、营私舞弊，对用人单位利益造成重大损害的；

(d)被依法追究刑事责任的。

b.《劳动法》第二十六条规定：有下列情形之一的，用人单位可以解除劳动合同，但是应当提前三十日以书面形式通知劳动者本人：

(a)劳动者患病或者非因工负伤，医疗期满后，既不能从事原工作也不能从事由用人单位另行安排的工作的；

(b)劳动者不能胜任工作，经过培训或者调整工作岗位，仍不能胜任工作的；

(c)劳动合同订立时所依据的客观情况发生重大变化，致使原劳动合同无法履行，经当事人协商不能就变更劳动合同达成协议的。

c.《劳动法》第二十七条规定：用人单位濒临破产进行法定整顿期间或者生产经营状况发生严重困难，确需裁减人员的，应当提前三十日向工会或者全体职工说明情况，听取工会或者职工的意见，经向劳动保障行政部门报告后，可以裁减人员。并且规定，用人单位自裁减人员之日起六个月内录用人员的，应当优先录用被裁减的人员。

(7)用人单位解除劳动合同应当依法向劳动者支付经济补偿金。

根据《劳动法》规定，在下列情况下，用人单位解除与劳动者的劳动合同，应当根据劳动者在本单位的工作年限，每满一年发给相当于一个月工资的经济补偿金：

①经劳动合同当事人协商一致，由用人单位解除劳动合同的。

②劳动者不能胜任工作，经过培训或者调整工作岗位仍不能胜任工作，由用人单位解除劳动合同的。

以上两种情况下支付经济补偿金，最多不超过12个月。

③劳动合同订立时所依据的客观情况发生了重大变化，致使原劳动合同无法履行，经当事人协商不能就变更劳动合同达成协议，由用人单位解除劳动合同的。

④用人单位濒临破产进行法定整顿期间或者生产经营状况发生严重困难，必须裁减人员，由用人单位解除劳动合同的。

⑤劳动者患病或者非因工负伤，经劳动鉴定委员会确认不能从事原工作，也不能从事用人单位另行安排的工作而解除劳动合同的；在这类情况下，同时应发给不低于6个月工资的医疗补助费。劳动者患重病或者绝症的还应增加医疗补助费，患重病的增加部分不低于医疗补助费的50％，患绝症的增加部分不低于医疗补助费的100％。

另外，用人单位解除劳动者劳动合同后，未按以上规定给予劳动者经济补偿的，除必须全额发给经济补偿金外，还须按欠发经济补偿金数额的50％支付额外经济补偿金。

经济补偿金应当一次性发给。劳动者在本单位工作时间不满一年的按一年的标准计算。计算经济补偿金的工资标准是企业正常生产情况下，劳动者解除合同前12个月的月平均工资；在以上第③、④、⑤类情况下，给予经济补偿金的劳动者月平均工资低于企业月平均工资的，应按企业月平均工资支付。

(8)用人单位不得随意解除劳动合同。

《劳动法》及《违反〈劳动法〉有关劳动合同规定的赔偿办法》(劳部发[1995]223 号)规定,用人单位不得随意解除劳动合同。用人单位违法解除劳动合同的,由劳动保障行政部门责令改正;对劳动者造成损害的,应当承担赔偿责任。具体赔偿标准是:

①造成劳动者工资收入损失的,按劳动者本人应得工资收入支付劳动者,并加付应得工资收入 25%的赔偿费用。

②造成劳动者劳动保护待遇损失的,应按国家规定补足劳动者的劳动保护津贴和用品。

③造成劳动者工伤、医疗待遇损失的,除按国家规定为劳动者提供工伤、医疗待遇外,还应支付劳动者相当于医疗费用25%的赔偿费用。

④造成女职工和未成年工身体健康损害的,除按国家规定提供治疗期间的医疗待遇外,还应支付相当于其医疗费用 25%的赔偿费用。

⑤劳动合同约定的其他赔偿费用。

2. 工资

(1)用人单位应该按时足额支付工资。

《劳动法》中的"工资"是指用人单位依据国家有关规定或劳动合同的约定,以货币形式直接支付给本单位劳动者的劳动报酬,一般包括计时工资、计件工资、奖金、津贴和补贴、延长工作时间的工资报酬以及特殊情况下支付的工资等。

(2)用人单位不得克扣劳动者工资。

《劳动法》以及《违反〈中华人民共和国劳动法〉行政处罚办法》等规定,用人单位不得克扣劳动者工资。用人单位克扣劳动者工资的,由劳动保障行政部门责令支付劳动者的工资报酬,并加发相当于工资报酬25%的经济补偿金。并可责令用人单位按相当于支付劳动者工资报酬、经济补偿总和的一至五倍支付劳动者赔偿金。

"克扣工资"是指用人单位无正当理由扣减劳动者应得工资(即在劳动者已提供正常劳动的前提下,用人单位按劳动合同规定的标准应当支付给劳动者的全部劳动报酬)。

(3)用人单位不得无故拖欠劳动者工资。

《劳动法》以及《违反〈中华人民共和国劳动法〉行政处罚办法》等规定,用人单位无故拖欠劳动者工资的,由劳动保障行政部门责令支付劳动者的工资报酬,并加发相当于工资报酬25%的经济补偿金。并可责令用人单位按相当于支付劳动者工资报酬、经济补偿总和的一至五倍支付劳动者赔偿金。

"无故拖欠工资"是指用人单位无正当理由超过规定付薪时间未支付劳动者工资。

(4)农民工工资标准。

①在劳动者提供正常劳动的情况下,用人单位支付的工资不得低于当地最低工资标准。

根据《劳动法》、劳动保障部《最低工资规定》等规定,在劳动者提供正常劳动的情况下,用人单位应支付给劳动者的工资在剔除下列各项以后,不得低于当地最低工资标准:

a. 延长工作时间工资。

b. 中班、夜班、高温、低温、井下、有毒有害等特殊工作环境条件下的津贴。

c. 法律、法规和国家规定的劳动者福利待遇等。

实行计件工资或提成工资等工资形式的用人单位,在科学合理的劳动定额基础上,其支付劳动者的工资不得低于相应的最低工资标准。

用人单位违反以上规定的，由劳动保障行政部门责令其限期补发所欠劳动者工资，并可责令其按所欠工资的一至五倍支付劳动者赔偿金。

②在非全日制劳动者提供正常劳动的情况下，用人单位支付的小时工资不得低于当地小时工资最低标准。

劳动保障部《最低工资规定》《关于非全日制用工若干问题的意见》规定，非全日制用工是指以小时计酬、劳动者在同一用人单位平均每日工作时间不超过 5h、累计每周工作时间不超过 30h 的用工形式。用人单位应当按时足额支付非全日制劳动者的工资，具体可以按小时、日、周或月为单位结算。在非全日制劳动者提供正常劳动的情况下，用人单位支付的小时工资不得低于当地小时工资最低标准。非全日制用工的小时工资最低标准由省、自治区、直辖市规定。

③用人单位安排劳动者加班加点应依法支付加班加点工资。

《劳动法》以及《违反〈中华人民共和国劳动法〉行政处罚办法》等规定，用人单位安排劳动者加班加点应依法支付加班加点工资。用人单位拒不支付加班加点工资的，由劳动保障行政部门责令支付劳动者的工资报酬，并加发相当于工资报酬 25%的经济补偿金。并可责令用人单位按相当于支付劳动者工资报酬、经济补偿总和的一至五倍支付劳动者赔偿金。

劳动者日工资可统一按劳动者本人的月工资标准除以每月制度工作天数进行折算。职工全年月平均工作天数和工作时间分别为 20.92 天和 167.4h，职工的日工资和小时工资按此进行折算。

3. 社会保险

(1)农民工有权参加基本医疗保险。

根据国家有关规定，各地要逐步将与用人单位形成劳动关系的农村进城务工人员纳入医疗保险范围。根据农村进城务工人员的特点和医疗需求，合理确定缴费率和保障方式，解决他们在务工期间的大病医疗保障问题，用人单位要按规定为其缴纳医疗保险费。对在城镇从事个体经营等灵活就业的农村进城务工人员，可以按照灵活就业人员参保的有关规定参加医疗保险。据此，在已经将农民工纳入医疗保险范围的地区，农民工有权参加医疗保险，用人单位和农民工本人应依法缴纳医疗保险费，农民工患病时，可以按照规定享受有关医疗保险待遇。

(2)农民工有权参加基本养老保险。

按照国务院《社会保险费征缴暂行条例》等有关规定，基本养老保险覆盖范围内的用人单位的所有职工，包括农民工，都应该参加养老保险，履行缴费义务。参加养老保险的农民合同制职工，在与企业终止或解除劳动关系后，由社会保险经办机构保留其养老保险关系，保管其个人账户并计息。凡重新就业的，应接续或转移养老保险关系；也可按照省级政府的规定，根据农民合同制职工本人申请，将其个人账户个人缴费部分一次性支付给本人，同时终止养老保险关系。农民合同制职工在男年满60周岁、女年满55周岁时，累计缴费年限满15年以上的，可按规定领取基本养老金；累计缴费年限不满15年的，其个人账户全部储存额一次性支付给本人。

(3)农民工有权参加失业保险。

根据《失业保险条例》规定，城镇企业事业单位招用的农民合同制工人应该参加失业保险，用人单位按规定为农民工缴纳社会保险费，农民合同制工人本人不缴纳失业保险费。单位招用的农民合同制工人连续工作满1年，本单位并已缴纳失业保险费，劳动合同期满未续订或者提前解除劳动合同的，由社会保险经办机构根据其工作时间长短，对其支付一次性生活补助。

补助的办法和标准由省、自治区、直辖市人民政府规定。

(4)用人单位应依法为农民工参加生育保险。

目前我国的生育保险制度还没有普遍建立，各地工作进展不平衡。从各地制定的规定看，有的地区没有将农民工纳入生育保险覆盖范围，有的地区则将农民工纳入了生育保险覆盖范围。如果农民工所在地区将农民工纳入了生育保险覆盖范围，农民工所在单位应按规定为农民工参加生育保险并缴纳生育保险费，符合规定条件的生育农民工依法享受生育保险待遇。

(5)劳动争议与调解处理。

劳动争议，也称劳动纠纷，就是指劳动关系当事人双方(用人单位和劳动者)之间因执行劳动法律、法规或者履行劳动合同以及其他劳动问题而发生劳动权利与义务方面的纠纷。

①劳动争议的范围。劳动争议的内容，是指劳动合同关系中当事人的权利与义务。所以，用人单位与劳动者之间发生的争议不都是劳动争议。只有在争议涉及劳动关系双方当事人在劳动关系中的权利和义务时，它才是劳动争议。劳动争议包括：因开除、除名、辞退职工和职工辞职、自动离职发生的争议；因执行国家有关工资、保险、福利、培训、劳动保护的规定发生的争议；因履行劳动合同发生的争议等。

②劳动争议处理机构。我国的劳动争议处理机构主要有：企业劳动争议调解委员会、各级政府劳动争议仲裁委员会和人民法院。根据《劳动法》等的规定：在用人单位内可以设劳动争议调解委员会，负责调解本单位的劳动争议；在县、市、市辖区应当设立劳动争议仲裁委员会；各级人民法院的民事审判庭负责劳动争议案件的审理工作。

③劳动争议的解决方法。根据我国有关法律、法规的规定，解决劳动争议的方法如下：

a. 协商。劳动争议发生后，双方当事人应当先进行协商，以达成解决方案。

b. 调解。就是企业调解委员会对本单位发生的劳动争议进行调解。从法律、法规的规定看，这并不是必经的程序。但它对于劳动争议的解决却起到很大作用。

c. 仲裁。劳动争议调解不成的，当事人可以向劳动争议仲裁委员会申请仲裁。当事人也可以直接向劳动争议仲裁委员会申请仲裁。当事人从知道或应当知道其权利被侵害之日起60日内，以书面形式向仲裁委员会申请仲裁。仲裁委员会应当自收到申请书之日起7日内做出受理或不予受理的决定。

d. 诉讼。当事人对仲裁裁决不服的，可以自收到仲裁裁决之日起15日内向人民法院起诉。人民法院民事审判庭受理和审理劳动争议案件。

④维护自身权益要注意法定时限。劳动者通过法律途径维护自身权益，一定要注意不能超过法律规定的时限。劳动者通过劳动争议仲裁、行政复议等法律途径维护自身合法权益，或者申请工伤认定、职业病诊断与鉴定等，一定要注意在法定的时限内提出申请。如果超过了法定时限，有关申请可能不会被受理，致使自身权益难以得到保护。主要的时限包括：

a. 申请劳动争议仲裁的，应当在劳动争议发生之日(即当事人知道或应当知道其权利被侵害之日)起60日内向劳动争议仲裁委员会申请仲裁。

b. 对劳动争议仲裁裁决不服、提起诉讼的，应当自收到仲裁裁决书之日起15日内，向人民法院提起诉讼。

c. 申请行政复议的，应当自知道该具体行政行为之日起60日内提出行政复议申请。

d. 对行政复议决定不服、提起行政诉讼的，应当自收到行政复议决定书之日起 15 日内，向人民法院提起行政诉讼。

e. 直接向人民法院提起行政诉讼的，应当在知道做出具体行政行为之日起 3 个月内提出，法律另有规定的除外。因不可抗力或者其他特殊情况耽误法定期限的，在障碍消除后的 10 日内，可以申请延长期限，由人民法院决定。

f. 申请工伤认定的，所在单位应当自事故伤害发生之日或者被诊断、鉴定为职业病之日起 30 日内，向统筹地区劳动保障行政部门提出工伤认定申请。遇有特殊情况，经报劳动保障行政部门同意，申请时限可以适当延长。用人单位未按前款规定提出工伤认定申请的，工伤职工或者其直系亲属、工会组织在事故伤害发生之日或者被诊断、鉴定为职业病之日起 1 年内，可以直接向用人单位所在地统筹地区劳动保障行政部门提出工伤认定申请。

三、工人健康卫生知识

1. 常见疾病的预防和治疗

(1)流行性感冒。

①流行性感冒的传播方式。流行性感冒简称流感，是由流感病毒引起的一种急性呼吸道传染病。流感的传染源主要是患者，病后 1～7 天均有传染性。流感主要通过呼吸道传播，传染性很强，常引起流行。一般常突然发生，迅速蔓延，患者数多。

提示：发生流行性感冒时应注意与病人保持一定距离，以免被传染。

②流行性感冒的症状。流感的症状与感冒类似，主要是发热及上呼吸道感染症状，如咽痛、鼻塞、流鼻涕、打喷嚏、咳嗽等。流感的全身症状重，而局部症状很轻。

③流行性感冒的预防。

a. 最主要的是注射流感疫苗，疫苗应于流感流行前1～2个月注射。因流感冬季易发，故常于每年10月左右进行注射。

b. 应当尽量避免接触病人，流行期间不到人多的地方去。

c. 增强身体抵抗力最重要，生活规律、适当锻炼、合理营养、精神愉快非常关键。

d. 避免过累、精神紧张、着凉、酗酒等。

（2）细菌性痢疾。

①细菌性痢疾的传播方式。细菌性痢疾（简称菌痢），是夏秋季节最常见的急性肠道传染病，由痢疾杆菌引起，以结肠化脓性炎症为主要病变。菌痢主要通过粪一口途径传播，即患者大便中的痢疾杆菌可以污染手、食物、水、蔬菜、水果等而进入口中引起感染。细菌性痢疾终年均有发生，但多流行于夏秋季节。人群对此病普遍易感，幼儿及青壮年发病率较高。

②细菌性痢疾的症状。细菌性痢疾病情可轻可重，轻者仅有轻度腹泻，重者可有发热、全身不适、乏力、恶心、呕吐、腹痛、腹泻。腹泻次数由一日数次至十数次不等，患者常有老想解大便可总也解不干净的感觉（里急后重），患者大便中常有黏液，重者有脓血。

③细菌性痢疾的预防。

a. 做好痢疾患者的粪便、呕吐物的消毒处理，管理好水源，防止病菌污染水源、土壤及农作物；患者使用过的厕所、餐具等也应消毒。

b. 不喝生水，不生吃水产品，蔬菜要洗净、炒熟再吃，水果应洗净削皮后食用。

c. 养成饭前、便后洗手的习惯，不吃被苍蝇、蟑螂叮咬过或爬过的食物，积极做好灭苍蝇、灭蟑螂工作。

d. 加强体育锻炼，增强体质。

重点：注意个人卫生，养成饭前、便后洗手的习惯。

(3)食物中毒。

①细菌性食物中毒的传播方式。细菌性食物中毒是由于进食被细菌或细菌毒素污染的食物而引起的急性感染中毒性疾病。细菌性食物中毒是典型的肠道传染病，发生原因主要有以下几个方面：

a. 食物在宰杀或收割、运输、储存、销售等过程中受到病菌的污染。

b. 被致病菌污染的食物在较高的温度下存放，食品中充足的水分、适宜的酸碱度及营养条件使致病菌大量繁殖或产生毒素。

c. 食品在食用前未烧透或熟食受到生食交叉污染。

d. 在缺氧环境中(如罐头等)肉毒杆菌产生毒素。

②细菌性食物中毒的症状。胃肠型细菌性食物中毒是食物中毒中最常见的一种，是由于食用了被细菌或细菌毒素污染的食物所引起的。绝大多数患者表现为胃肠炎的症状，如恶心、呕吐、腹痛、腹泻、排水样便等。腹泻一天数次到数十次不等，多数是稀水样便，个别人可有黏液血便、血水样便等，极少数患者可以发生败血症。

③细菌性食物中毒的预防。

a. 防止食品污染。加强对污染源的管理，做好牲畜屠宰前后的卫生检验，防止感染；对海鲜类食品应加强管理，防止污染其他食品；要严防食品加工、贮存、运输、销售过程中被病原体污染；食品容器、刀具等应严格生熟分开使用，做好消毒工作，防止交叉污染；生产场所、厨房、食堂等要有防蝇、防鼠设备；严格遵守饮食行业和炊事人员的个人卫生制度；患化脓性病症和上呼吸道感染的患者，在治愈前不应参加接触食品的工作。

b. 控制病原体繁殖及外毒素的形成。食品应低温保存或放在阴凉通风处，食品中加盐量达 10% 也可有效控制细菌繁殖及毒素形成。

c. 彻底加热杀灭细菌及破坏毒素。这是防止食物中毒的重要措施，要彻底杀灭肉中的病原体，肉块不应太大，加热时其内部温度可以达到 80℃，这样持续 12min 就可将细菌杀死。

d. 凡是食品在加工和保存过程中有厌氧环境存在，均应防止肉毒杆菌的污染，过期罐头——特别是产气罐头(其盖鼓起)均勿食用。

(4)病毒性肝炎。

①病毒性肝炎的类型。病毒性肝炎是由多种肝炎病毒引起的，以肝脏损害为主的一组全身性传染病。按病原体分类，目前已确定的有甲型肝炎、乙型肝炎、丙型肝炎、丁型肝炎、戊型肝炎。通过实验诊断排除上述类型的肝炎者，称为“非甲—戊型肝炎”。

②病毒性肝炎的传染源。

a. 甲型肝炎无病毒携带状态，传染源为急性期患者和隐性感染者。粪便排毒期在起病前 2 周至血清转氨酶高峰期后 1 周，少数患者延长至病后 30 天。

b. 乙型肝炎属于常见传染病，可通过母婴、血液和体液传播。传染源主要是急、慢性乙型肝炎患者和病毒携带者。急性患者在潜伏期末及急性期有传染性，但不超过 6 个月。慢性患者和病毒携带者作为传染源预防的意义重大。

c. 丙型肝炎的传染源是急、慢性患者和无症状病毒携带者。

d. 丁型肝炎的传染源与乙型肝炎相似。

e. 戊型肝炎的传染源与甲型肝炎相似。

③病毒性肝炎的症状。

a. 疲乏无力、懒动、下肢酸困不适，稍加活动则难以支持。

b. 食欲不振、食欲减退、厌油、恶心、呕吐及腹胀，往往食后加重。

c. 部分病人尿黄、尿色如浓茶，大便色淡或灰白，腹泻或便秘。

d. 右上腹部有持续性腹痛，个别病人可呈针刺样或牵拉样疼痛，于活动、久坐后加重，卧床休息后可缓解，右侧卧时加重，左侧卧时减轻。

e. 医生检查可有肝脏肿大、压痛、肝区叩击痛、肝功能损害，部分病例出现发热及黄疸表现。

f. 血清谷丙转氨酶及血中总胆红素升高有助于诊断，也可进一步做血清免疫学检查及明确肝炎类型。

④病毒性肝炎的预防。病毒性肝炎预防应采取以切断传播途径为重点的综合性措施。

对甲型、戊型肝炎，重点抓好水源保护、饮水消毒、食品加工、粪便管理等，切断粪—口途径传播，注意个人卫生，饭前、便后洗手，不喝生水，生吃瓜果要洗净。对于急性病如甲型和戊型肝炎病人接触的易感人群，应注射人血丙种球蛋白，注射时间越早越好。

对乙型、丙型和丁型肝炎，重点在于防止通过血液和体液的传播，各种医疗及预防注射，应实行一人一针一管，对带血清的污染物应严格消毒，对血液和血液制品应严格检测。对学龄前儿童和密切接触者，应接种乙肝疫苗；乙肝疫苗和乙肝免疫球蛋白联合应用可有效地阻断母婴传播；医务人员在工作中因医疗意外或医疗操作不慎感染乙肝病毒，应立即注射免疫球蛋白。

2. 职业病的预防和治疗

(1)职业病定义。

所谓职业病，是指企业、事业单位和个体经济组织的劳动者在职业活动中，因接触粉尘、放射性物质和其他有毒、有害物质等因素而引起的疾病。对于患职业病的，我国法律规定，应属于工伤，享受工伤待遇。

(2)建筑企业常见的职业病。

①接触各种粉尘引起的尘肺病。

②电焊工尘肺、眼病。

③直接操作振动机械引起的手臂振动病。

④油漆工、粉刷工接触有机材料散发的不良气体引起的中毒。

⑤接触噪声引起的职业性耳聋。

⑥长期超时、超强度地工作，精神长期过度紧张造成相应职业病。

⑦高温中暑等。

(3)职业病鉴定与保障。

劳动者如果怀疑所得的疾病为职业病，应当及时到当地卫生部门批准的职业病诊断机构进行职业病诊断。对诊断结论有异议的，可以在 30 日内到市级卫生行政部门申请职业病诊断鉴定，鉴定后仍有异议的，可以在 15 日内到省级卫生行政部门申请再鉴定。被诊断、鉴定为职业病，所在单位应当自被诊断、鉴定为职业病之日起 30 日内，向统筹地区劳动保障行政部门提出工伤认定申请。

提示：劳动者日常需要注意收集与职业病相关的材料。

(4)职业病的诊断。

根据《中华人民共和国职业病防治法》(以下简称《职业病防治法》)和《职业病诊断与鉴定管理办法》的有关规定，具体程序为：

①职业病诊断应当由省级以上人民政府卫生行政部门批准的医疗卫生机构承担，劳动者可以在用人单位所在地或者本人居住地依法承担职业病诊断的医疗卫生机构进行职业病诊断。

②当事人申请职业病诊断时应当提供以下材料：

a. 职业史、既往史。

b. 职业健康监护档案复印件。

c. 职业健康检查结果。

d. 工作场所历年职业病危害因素检测、评价资料。

e. 诊断机构要求提供的其他必需的有关材料。

③职业病诊断应当依据职业病诊断标准，结合职业病危害接触史、工作场所职业病危害因素检测与评价、临床表现和医学检查结果等资料，综合做出分析。

④职业病诊断机构在进行职业病诊断时，应当组织三名以上取得职业病诊断资格的执业医师进行集体诊断。

⑤职业病诊断机构做出职业病诊断后，应当向当事人出具职业病诊断证明书。职业病诊断证明书应当明确是否患有职业病，对患有职业病的，还应当载明所患职业病的名称、程度(期别)、处理意见和复查时间。

⑥当事人对职业病诊断有异议的，在接到职业病诊断证明书之日起 30 日内，可以向做出诊断的医疗卫生机构所在地的市级卫生行政部门申请鉴定。

⑦当事人申请职业病诊断鉴定时，应当提供以下材料：

a. 职业病诊断鉴定申请书。

b. 职业病诊断证明书。

c. 其他有关资料。职业病诊断鉴定办事机构应当自收到申请资料之日起 10 日内完成材料审核，对材料齐全的发给受理通知书；材料不全的，通知当事人补充。职业病诊断鉴定办事机构应当在受理鉴定之日起 60 日内组织鉴定。

⑧鉴定委员会应当认真审查当事人提供的材料，必要时可听取当事人的陈述和申辩，对被鉴定人进行医学检查，对被鉴定人的工作场所进行现场调查取证。

⑨职业病诊断鉴定书应当包括以下内容：

a. 劳动者、用人单位的基本情况及鉴定事由。

b. 参加鉴定的专家情况。

c. 鉴定结论及其依据，如果为职业病，应当注明职业病名称、程度（期别）。

d. 鉴定时间。职业病诊断鉴定书应当于鉴定结束之日起 20 日内由职业病诊断鉴定办事机构发送给当事人。

（5）劳动者有权利拒绝从事容易发生职业病的工作。

劳动者依法享有保持自己身体健康的权利，因此，对于是否选择从事存在职业病危害的工作，应当由劳动者依照其自己的意愿决定。而要使劳动者能够自行决定是否选择从事该工作，就应当保证劳动者对相关工作内容以及其可能带来的危害有一定的了解。正因为如此，《职业病防治法》规定："用人单位与劳动者订立劳动合同（含聘用合同，下同）时，应当将工作过程中可能产生的职业病危害及其后果、职业病防护措施和待遇等如实告知劳动者，并在劳动合同中写明，不得隐瞒或者欺骗。""劳动者在已订立劳动合同期间因工作岗位或者工作内容变更，从事与所订立劳动合同中未告知的存在职业病危害的作业时，用人单位应当依照前款规定，向劳动者履行如实告知的义务，并协商变更原劳动合同相关条款。""用人单位违反前两款规定的，劳动者有权拒绝从事存在职业病危害的作业，用人单位不得因此解除或者终止与劳动者所订立的劳动合同。”

另外，根据《职业病防治法》的规定，用人单位违反本规定，订立或者变更劳动合同时，未告知劳动者职业病危害真实情况的，由卫生行政部门责令限期改正，给予警告，可以并处 2 万元以上 5 万元以下的罚款。

根据前述规定，如果用人单位没有将工作过程中可能产生的职业病危害及其后果、职业病防护措施和待遇等如实告知劳动者，并在劳动合同中写明，那么劳动者就有权利拒绝从事存在职业病危害的作业，并且用人单位不得因劳动者拒绝从事该作业而解除或者终止劳动者的劳动合同。

(6)患职业病的劳动者有权获得相应的保障。

①患职业病的劳动者有权利获得职业保障。《中华人民共和国劳动合同法》规定，用人单位以下情形不得解除劳动合同：

a. 患职业病或者因工负伤并确认丧失或者部分丧失劳动能力的。

b. 患病或者负伤，在规定的医疗期内的。职业病病人依法享受国家规定的职业病待遇，用人单位对不适宜继续从事原工作的职业病病人，应当调离原岗位，并妥善安置。

②患职业病的劳动者有权利获得医疗保障。《职业病防治法》规定：“职业病病人依法享受国家规定的职业病待遇。用人单位应当按照国家有关规定，安排职业病病人进行治疗、康复和定期检查。”

③患职业病的劳动者有权利获得生活保障。《职业病防治法》规定：“劳动者被诊断患有职业病，但用人单位没有依法参加工伤社会保险的，其医疗和生活保障由最后的用人单位承担。”

④患职业病的劳动者有权利依法获得赔偿。职业病病人除依法享有工伤社会保险外,依照有关民事法律,尚有获得赔偿的权利的,有权向用人单位提出赔偿要求。

(7)职工患职业病后的一次性处理规定。

职工患病后,应当先行治疗,然后进行职业病的诊断和鉴定。如果职工按照《职业病防治法》规定被诊断、鉴定为职业病,必须向劳动保障行政部门提出工伤认定申请,由劳动保障行政部门做出工伤认定。如果职工经治疗伤情相对稳定后存在残疾、影响劳动能力的,还应当进行劳动能力鉴定。最后职工才可按照《工伤保险条例》规定的标准享受工伤保险待遇。

以上程序是职工患职业病后享受工伤待遇所必需的,是切实保障职工合法权益的基础。但在实际生活中,一些用人单位和职工由于不懂工伤法律或者怕麻烦、图省事,在职工患病后就直接约定进行一次性工伤补助,这种做法是不可取的。当然,如果工伤职工愿意,待治愈或病情稳定做出工伤伤残等级鉴定后,可参照有关工伤的规定依法与企业达成一次性领取工伤待遇的相关协议。

(8)治疗职业病的有关费用支付。

首先应当明确的是,检查、治疗、诊断职业病的,劳动者本人不承担相关费用。这些费用依照规定,应当由用人单位负担或者从工伤保险基金中支付。

①职业健康检查费用由用人单位承担。

②救治急性职业病危害的劳动者,或者进行健康检查和医学观察,所需费用由用人单位承担。

③职业病诊断鉴定费用由用人单位承担。

④因职业病进行劳动能力鉴定的,鉴定费从工伤保险基金中支付。

⑤因职业病需要治疗的，相关费用按照工伤的规定处理。

还需要说明的是，不管是职业病还是其他原因发生的工伤，都必须进行彻底的治疗，相关的费用不管花了多少，都应当依法予以报销，即“工伤索赔上不封顶”。

(9)劳动者在职业病防治中须承担的义务。

①认真接受用人单位的职业卫生培训，努力学习和掌握必要的职业卫生知识。

②遵守职业卫生法规、制度、操作规程。

③正确使用与维护职业危害防护设备及个人防护用品。

④及时报告事故隐患。

⑤积极配合上岗前、在岗期间和离岗时的职业健康检查。

⑥如实提供职业病诊断、鉴定所需的有关资料等。

重点：熟知职业安全卫生警示标志，禁止不安全的操作行为，正确使用个人防护用品。

(10)建筑企业常见职业病及预防控制措施。

①接触各种粉尘引起的尘肺病预防控制措施。

作业场所防护措施：加强水泥等易扬尘的材料的存放处、使用处的扬尘防护，任何人不得随意拆除，在易扬尘部位设置警示标志。

个人防护措施：落实相关岗位的持证上岗，给施工作业人员提供扬尘防护口罩，杜绝施工操作人员的超时工作。

②电焊工尘肺、眼病的预防控制措施。

作业场所防护措施：为电焊工提供通风良好的操作空间。

个人防护措施：电焊工必须持证上岗，作业时佩戴有害气体防护口罩、眼睛防护罩，杜绝违章作业，采取轮流作业，杜绝施工操作人员的超时工作。

③直接操作振动机械引起的手臂振动病的预防控制措施。

作业场所防护措施：在作业区设置预防职业病警示标志。

个人防护措施：机械操作工要持证上岗，提供振动机械防护手套，延长换班休息时间，杜绝作业人员的超时工作。

④油漆工、粉刷工接触有机材料散发不良气体引起的中毒预防控制措施。

作业场所防护措施：加强作业区的通风排气措施。

个人防护措施：相关工种持证上岗，给作业人员提供防护口罩，轮流作业，杜绝作业人员的超时工作。

⑤接触噪声引起的职业性耳聋的预防控制措施。

作业场所防护措施：在作业区设置防职业病警示标志，对噪声大的机械加强日常保养和维护，减少噪声污染。

个人防护措施：为施工操作人员提供劳动防护耳塞轮流作业，杜绝施工操作人员的超时工作。

⑥长期超时、超强度地工作，精神长期过度紧张所造成相应职业病的预防控制措施。

作业场所防护措施：提高机械化施工程度，减小工人劳动强度，为职工提供良好的生活、休息、娱乐场所，加强施工现场文明施工。

个人防护措施：不盲目抢工期，即使抢工期也必须安排充足的人员能够按时换班作业，采取8h作业换班制度，及时发放工人工资，稳定工人情绪。

⑦高温中暑的预防控制措施。

作业场所防护措施：在高温期间，为职工备足饮用水或绿豆汤、防中暑药品、器材。

个人防护措施：减少工人工作时间，尤其是延长中午休息时间。

提示：工作场所自觉做好个人安全防护。

四、工地施工现场急救知识

施工现场急救基本常识主要包括应急救援基本常识、触电急救知识、创伤救护知识、火灾急救知识、中毒及中暑急救知识以及传染病急救措施等，了解并掌握这些现场急救基本常识，是做好安全工作的一项重要内容。

1. 应急救援基本常识

(1)施工企业应建立企业级重大事故应急救援体系，以及重大事故救援预案。

(2)施工项目应建立项目重大事故应急救援体系，以及重大事故救援预案；在实行施工总承包时，应以总承包单位事故预案为主，各分包队伍也应有各自的事故救援预案。

(3)重大事故的应急救援人员应经过专门的培训，事故的应急救援必须有组织、有计划地进行；严禁在未清楚事故情况下，盲目救援，以免造成更大的伤害。

(4)事故应急救援的基本任务：

①立即组织营救受害人员，组织撤离或者采取其他措施保护危害区域内的其他人员。

②迅速控制事态，并对事故造成的危害进行检测、监测，测定事故的危害区域、危害性质及危害程度。

③消除危害后果，做好现场恢复。

④查清事故原因，评估危害程度。

2. 触电急救知识

触电者的生命能否获救，在绝大多数情况下取决于能否迅速脱离电源和正确地实行人工呼吸和心脏按摩。拖延时间、动作迟缓或救护不当，都可能造成人员伤亡。

(1)脱离电源的方法。

①发生触电事故时，附近有电源开关和电流插销的，可立即将电源开关断开或拔出插销；但普通开关（如拉线开关、单极按钮开关等）只能断一根线，有时不一定关断的是相线，所以不能认为是切断了电源。

②当有电的电线触及人体引起触电，不能采用其他方法脱离电源时，可用绝缘的物体（如干燥的木棒、竹竿、绝缘手套等）将电线移开，使人体脱离电源。

③必要时可用绝缘工具（如带绝缘柄的电工钳、木柄斧头等）切断电线，以切断电源。

④应防止人体脱离电源后造成的二次伤害，如高处坠落、摔伤等。

⑤对于高压触电，应立即通知有关部门停电。

⑥高压断电时，应戴上绝缘手套，穿上绝缘鞋，用相应电压等级的绝缘工具切断开关。

(2)紧急救护基本常识。

根据触电者的情况，进行简单的诊断，并分别处理：

①病人神志清醒，但感到乏力、头昏、心悸、出冷汗，甚至有恶心或呕吐症状。此类病人应使其就地安静休息，减轻心脏负担，加快恢复；情况严重时，应立即小心送往医院检查治疗。

②病人呼吸、心跳尚存在，但神志昏迷。此时，应将病人仰卧，周围空气要流通，并注意保暖；除了要严密观察外，还要做好人工呼吸和心脏挤压的准备工作。

③如经检查发现，病人处于“假死”状态，则应立即针对不同类型的“假死”进行对症处理：如果呼吸停止，应用口对口的人工呼吸法来维持气体交换；如心脏停止跳动，应用体外人工心脏挤

压法来维持血液循环。

a. 口对口人工呼吸法：病人仰卧、松开衣物⟶清理病人口腔阻塞物⟶病人鼻孔朝天、头后仰⟶捏住病人鼻子贴嘴吹气⟶放开嘴鼻换气，如此反复进行，每分钟吹气 12 次，即每 5s 吹气 1 次。

b. 体外心脏挤压法：病人仰卧硬板上⟶抢救者用手掌对病人胸口凹膛⟶掌根用力向下压⟶慢慢向下⟶突然放开，连续操作，每分钟进行 60 次，即每秒一次。

c. 有时病人心跳、呼吸停止，而急救者只有一人时，必须同时进行口对口人工呼吸和体外心脏挤压，此时，可先吹两次气，立即进行挤压 15 次，然后再吹两次气，再挤压，反复交替进行。

3. 创伤救护知识

创伤分为开放性创伤和闭合性创伤。开放性创伤是指皮肤或黏膜的破损，常见的有：擦伤、切割伤、撕裂伤、刺伤、撕脱、烧伤；闭合性创伤是指人体内部组织损伤，而皮肤黏膜没有破损，常见的有：挫伤、挤压伤。

(1)开放性创伤的处理。

①对伤口进行清洗消毒可用生理盐水和酒精棉球，将伤口和周围皮肤上沾染的泥沙、污物等清理干净，并用干净的纱布吸收水分及渗血，再用酒精等药物进行初步消毒。在没有消毒条件的情况下，可用清洁水冲洗伤口，最好用流动的自来水冲洗，然后用干净的布或敷料吸干伤口。

②止血。对于出血不止的伤口，能否做到及时有效地止血，对伤员的生命安危影响较大。在现场处理时，应根据出血类型和部位不同采用不同的止血方法：直接压迫——将手掌通过敷

料直接加压在身体表面的开放性伤口的整个区域；抬高肢体——对于手、臂、腿部严重出血的开放性伤口都应抬高，使受伤肢体高于心脏水平线；压迫供血动脉——手臂和腿部伤口的严重出血，如果应用直接压迫和抬高肢体仍不能止血，就需要采用压迫点止血技术；包扎——使用绷带、毛巾、布块等材料压迫止血，保护伤口，减轻疼痛。

③烧伤的急救。应先去除烧伤源，将伤员尽快转移到空气流通的地方，用较干净的衣服把伤面包裹起来，防止再次污染；在现场，除了化学烧伤可用大量流动清水冲洗外，对创面一般不做处理，尽量不弄破水泡，保护表皮。

(2)闭合性创伤的处理。

①较轻的闭合性创伤，如局部挫伤、皮下出血，可在受伤部位进行冷敷，以防止组织继续肿胀，减少皮下出血。

②如发现人员从高处坠落或摔伤等意外时，要仔细检查其头部、颈部、胸部、腹部、四肢、背部和脊椎，看看是否有肿胀、青紫、局部压疼、骨摩擦声等其他内部损伤。假如出现上述情况，不能对患者随意搬动，需按照正确的搬运方法进行搬运；否则，可能造成患者神经、血管损伤并加重病情。

现场常用的搬运方法有：担架搬运法——用担架搬运时，要使伤员头部向后，以便后面抬担架的人可随时观察其变化；单人徒手搬运法——轻伤者可扶着走，重伤者可让其伏在急救者背上，双手绕颈交叉垂下，急救者用双手自伤员大腿下抱住伤员大腿。

③如怀疑有内伤，应尽早使伤员得到医疗处理；运送伤员时要采取卧位，小心搬运，注意保持呼吸道畅通，注意防止休克。

④运送过程中，如突然出现呼吸、心跳骤停时，应立即进行

人工呼吸和体外心脏挤压法等急救措施。

4. 火灾急救知识

一般地说，起火要有三个条件，即可燃物(木材、汽油等)、助燃物(氧气等)和点火源(明火、烟火、电焊花等)。扑灭初起火灾的一切措施，都是为了破坏已经产生的燃烧条件。

(1)火灾急救的基本要点。

施工现场应有经过训练的义务消防队，发生火灾时，应由义务消防队急救，其他人员应迅速撤离。

①及时报警，组织扑救。全体员工在任何时间、地点，一旦发现起火都要立即报警，并在确保安全前提下参与和组织群众扑灭火灾。

②集中力量，主要利用灭火器材，控制火势，集中灭火力量在火势蔓延的主要方向进行扑救，以控制火势蔓延。

③消灭飞火，组织人力监视火场周围的建筑物、露天物资堆放场所的未尽飞火，并及时扑灭。

④疏散物资，安排人力和设备，将受到火势威胁的物资转移到安全地带，阻止火势蔓延。

⑤积极抢救被困人员。人员集中的场所发生火灾，要有熟悉情况的人做向导，积极寻找和抢救被困的人员。

(2)火灾急救的基本方法。

①先控制，后消灭。对于不可能立即扑灭的火灾，要先控制火势，具备灭火条件时再展开全面进攻，一举消灭。

②救人重于救火。灭火的目的是为了打开救人通道，使被困的人员得到救援。

③先重点，后一般。重要物资和一般物资相比，先保护和抢救重要物资；火势蔓延猛烈方面和其他方面相比，控制火势蔓延

的方面是重点。

④正确使用灭火器材。水是最常用的灭火剂，取用方便，资源丰富，但要注意水不能用于扑救带电设备的火灾。各种灭火器的用途和使用方法如下：

酸碱灭火器：倒过来稍加摇动或打开开关，药剂喷出。适用于扑救油类火灾。

泡沫灭火器：把灭火器筒身倒过来，打开保险销，把喷管口对准火源，拉出拉环，即可喷出。适合于扑救木材、棉花、纸张等火灾，不能扑救电气、油类火灾。

二氧化碳灭火器：一手拿好喇叭筒对准火源，另一手打开开关既可。适合于扑救贵重仪器和设备，不能扑救金属钾、钠、镁、铝等物质的火灾。

干粉灭火器：打开保险销，把喷管口对准火源，拉出拉环，即可喷出。适用于扑救石油产品、油漆、有机溶剂和电气设备等火灾。

⑤人员撤离火场途中被浓烟围困时，应采取低姿势行走或匍匐穿过浓烟，有条件时可用湿毛巾等捂住嘴鼻，以便顺利撤出烟雾区；如无法进行逃生，可向建筑物外伸出衣物或抛出小物件，发出求救信号引起注意。

⑥进行物资疏散时应将参加疏散的员工编成组，指定负责人首先疏散通道，其次疏散物资，疏散的物资应堆放在上风向的安全地带，不得堵塞通道，并要派人看护。

5. 中毒及中暑急救知识

施工现场发生的中毒主要有食物中毒、燃气中毒及毒气中毒；中暑是指人员因处于高温高热的环境而引起的疾病。

(1)食物中毒的救护。

①发现饭后有多人呕吐、腹泻等不正常症状时，尽量让病人大量饮水，刺激喉部使其呕吐。

②立即将病人送往就近医院或打120急救电话。

③及时报告工地负责人和当地卫生防疫部门，并保留剩余食品以备检验。

(2)燃气中毒的救护。

①发现有人煤气中毒时，要迅速打开门窗，使空气流通。

②将中毒者转移到室外实行现场急救。

③立即拨打120急救电话或将中毒者送往就近医院。

④及时报告有关负责人。

(3)毒气中毒的救护。

①在井(地)下施工中有人发生毒气中毒时，井(地)上人员绝对不要盲目下去救助；必须先向出事点送风，救助人员装备齐全安全保护用具，才能下去救人。

②立即报告工地负责人及有关部门，现场不具备抢救条件时，应及时拨打110或120电话求救。

(4)中暑的救护。

①迅速转移。将中暑者迅速转移至阴凉通风的地方，解开衣服，脱掉鞋子，让其平卧，头部不要垫高。

②降温。用凉水或50％酒精擦其全身，直到皮肤发红、血管扩张以促进散热。

③补充水分和无机盐类。能饮水的患者应鼓励其喝足量盐开水或其他饮料，不能饮水者，应予静脉补液。

④及时处理呼吸、循环衰竭。呼吸衰竭时，可注射尼可刹明或山梗茶硷；循环衰竭时，可注射鲁明那钠等镇静药。

⑤医疗条件不完善时，应对患者严密观察，精心护理，送往附近医院进行抢救。

6. 传染病急救措施

由于施工现场的人员较多，如果控制不当，容易造成集体感染传染病。因此需要采取正确的措施加以处理，防止大面积人员感染传染病。

(1)如发现员工有集体发烧、咳嗽等不良症状，应立即报告现场负责人和有关主管部门，对患者进行隔离加以控制，同时启动应急救援方案。

(2)立即把患者送往医院进行诊治，陪同人员必须做好防护隔离措施。

(3)对可能出现病因的场所进行隔离、消毒，严格控制疾病的再次传播。

(4)加强现场员工的教育和管理，落实各级责任制，严格履行员工进出现场登记手续，做好病情的监测工作。

参 考 文 献

[1] 中华人民共和国住房和城乡建设部. 建筑装饰装修工程质量验收规范(GB 50210—2001)[S]. 北京:中国建筑工业出版社,2001.

[2] 建设部干部学院. 装饰装修木工[M]. 武汉:华中科技大学出版社,2009.

[3] 建筑工人职业技能培训教材编委会. 木工[M]. 2 版。北京:中国建筑工业出版社,2015.

[4] 中国工程建设标准化协会. 建筑装饰工程木制品制作与安装技术规程(CECS288:2011)[S]. 北京:中国计划出版社,2011.

[5] 中华人民共和国住房和城乡建设部. 木结构工程施工规范(GB /T 50772—2012)[S]. 北京:中国建筑工业出版社,2012.

[6] 中华人民共和国住房和城乡建设部. 木结构工程施工质量验收规范(GB 50206—2012)[S]. 北京:中国建筑工业出版社,2012.

[7] 中华人民共和国住房和城乡建设部. 建筑施工安全技术统一规范(GB 50870—2013)[S]. 北京:中国建筑工业出版社,2014.

[8] 建设部人事教育司. 木工[M]. 北京:中国建筑工业出版社,2002.